CFRP-钢管混凝土

王庆利　著

科学出版社

北京

内 容 简 介

本书阐述近年来在 CFRP-钢管混凝土领域所进行的相关研究取得的若干试验和理论分析成果,主要内容包括:①大量的 CFRP-钢管混凝土的试验研究,如轴压短柱、受弯构件和轴压中长柱的静力性能,以及压-弯构件的静力性能和滞回性能;②CFRP-钢管混凝土基本力学性能的理论分析,如轴压、受弯和稳定静力性能,以及压-弯静力性能和滞回性能的有限元模拟、受力全过程分析和参数分析等;③CFRP-钢管混凝土的承载力计算和恢复力模型,如轴压短柱的强度承载力、受弯构件的抗弯承载力、轴压中长柱的稳定承载力计算式以及压-弯构件的承载力相关方程和恢复力模型。另外,由于研究对象的复杂性,合适的研究方法也至关重要,本书同时也试图传承一种已有的、行之有效的研究方法。

本书内容较为新颖,具有理论性、系统性和工程实用性,可供高等院校土建类专业教师、研究生和高年级本科生以及土木工程领域的科技人员参考。

图书在版编目(CIP)数据

CFRP-钢管混凝土/王庆利著. —北京:科学出版社,2017.12
ISBN 978-7-03-056042-1

Ⅰ.①C… Ⅱ.①王… Ⅲ.①钢管混凝土结构-研究 Ⅳ.①TU37

中国版本图书馆 CIP 数据核字(2017)第 315926 号

责任编辑:童安齐 / 责任校对:王万红
责任印制:吕春珉 / 封面设计:东方人华

科 学 出 版 社 出版

北京东黄城根北街 16 号
邮政编码:100717
http://www.sciencep.com

北京中科印刷有限公司印刷
科学出版社发行 各地新华书店经销
*
2017 年 12 月第 一 版 开本:B5(720×1000)
2017 年 12 月第一次印刷 印张:18 1/4
字数:350 000

定价:150.00 元

前　言

建筑结构及其所用材料的高性能化是组合结构的重要发展方向之一，碳纤维增强聚合物 CFRP（carbon fiber reinforced polymer）-钢管混凝土就是在这样的背景下涌现出来的一种新型的钢-混凝土-CFRP 组合结构。与钢管混凝土相比，CFRP-钢管混凝土的承载力更高，且耐久性更好；与 CFRP 管混凝土相比，CFRP-钢管混凝土的抗剪承载力更高，且延性更好。

近 10 余年来，本书作者领导的科研小组针对 CFRP-钢管混凝土的基本力学性能进行了较为细致的研究，以试验研究和理论分析为手段，阐述 CFRP-钢管混凝土的基本力学实质，并提供便于实际应用的设计方法。本书介绍作者近年来在 CFRP-钢管混凝土领域取得的阶段性试验研究和理论分析结果：①大量的 CFRP-钢管混凝土轴压短柱、受弯构件和轴压中长柱的静力性能，以及压-弯构件的静力性能和滞回性能的试验研究；②CFRP-钢管混凝土轴压、受弯和稳定静力性能，以及压-弯静力性能和滞回性能的有限元模拟、受力全过程分析和参数分析等；③CFRP-钢管混凝土轴压短柱的强度承载力、受弯构件的抗弯承载力和轴压中长柱的稳定承载力计算式，以及压-弯构件的承载力相关方程和恢复力模型。

作者在此感谢启蒙导师刘之洋教授、博士后合作导师康清梁教授和曹平周教授三位先生的教导之恩；感谢林立岩、赵颖华、李宏男和韩林海等前辈，以及邵永波和任庆新等同行在作者的成长过程中的关心、支持和帮助；感谢沈阳建筑大学及其下属的土木工程学院、科技处、研究生院和学科处等职能部门提供的工作平台。本书作者的研究生安然和李宏玮参与了本书第 2 章内容的研究工作，陈东和王新宇参与了本书第 3 章内容的研究工作，郭益寰和张海洋参与了本书第 4 章内容的研究工作，刘天琦和张景胜参与了本书第 5 章内容的研究工作，赵维娟和韩晓晓参与了本书第 6 章内容的研究工作。作者还要感谢其他为本书做了许多工作的合作者，他（她）们是：顾威、王金鱼、赵春雷、张永丹、宁迎福、武斌、谢广鹏、车媛、董志峰、高轶夫、朱贺飞、董羽、高国瑞、郭友利、刘洋、谭鹏宇、王月、叶茂、孙涛、许硕娟、薛阳、侯婷婷、李瑞霖、慕海涛、张旭、吴军、高磊、李林、吕天文、冯立明、屈绍娥和魏秋宇。

　　本书的研究工作得到国家自然科学基金（项目编号：51378320）的资助；本书的出版得到沈阳建筑大学专著基金资助项目立项，作者对上述资助谨表谢忱！

目　录

主要符号表

A_c	混凝土的横截面积
A_{cfl}	纵向 CFRP 的横截面积
A_{cfsc}	CFRP-钢管混凝土的横截面积
A_{cft}	横向 CFRP 的横截面积
A_s	钢管的横截面积
A_{sc}	钢管混凝土的横截面积
b_c	混凝土受压塑性损伤参数
b_t	混凝土受拉塑性损伤参数
B	构件的外边长
B_s	方钢管的外边长
d	构件中截面的横向变形
D	构件的外径
DI	轴压短柱的延性系数
D_s	圆钢管的外径
e	偏心率
e_0	偏心距
E	累积耗能
E_c	混凝土的弹性模量
E_{cf}	碳纤维布的弹性模量
E_{cfsc}	CFRP-钢管混凝土的组合弹性模量
$E_{cfsc}A_{cfsc}$	CFRP-钢管混凝土轴压短柱的纵向刚度
EI	试件每次循环的刚度
$EI_{\Delta=0}$	试件的初始刚度
E_s	钢材的弹性模量
f_c	混凝土的抗压强度设计值
f_{cfl}	纵向 CFRP 的抗拉强度
f_{cfscp}	CFRP-钢管混凝土轴压短柱的名义比例极限
f_{cfscy}	CFRP-钢管混凝土的轴压强度
f_{cft}	横向 CFRP 的抗拉强度
f_{ck}	混凝土的轴心抗压强度标准值
f_{cu}	混凝土立方体抗压强度

f_p	钢材的比例极限
f_t	混凝土的抗拉强度设计值
f_u	钢材的抗拉强度
f_y	钢材的屈服强度
f_{y1}	方钢管弯角处的屈服强度
f_c'	混凝土圆柱体抗压强度
f_{cf}'	碳纤维布的抗拉强度
G_f	混凝土的断裂能
h_E	能量耗散系数
I_c	混凝土的截面惯性矩
I_{cfl}	纵向 CFRP 的截面惯性矩
I_s	钢管的截面惯性矩
$K_{0.7}$	$0.7P_{uc}$ 时 P-Δ 骨架曲线的割线刚度
K_a	CFRP-钢管混凝土压-弯构件恢复力模型的弹性阶段的刚度
K_T	CFRP-钢管混凝土压-弯构件恢复力模型的第三阶段的刚度
K_{ie}	构件的初始阶段抗弯刚度
K_{se}	构件的使用阶段抗弯刚度
L	试件的计算长度
L_0	试件的长度
m_l	纵向 CFRP 的层数
m_t	横向 CFRP 的层数
M	中截面弯矩
M_0	只有横向 CFRP 的 CFRP-钢管混凝土的抗弯承载力
M_{bc}	CFRP-钢管混凝土压-弯构件的抗弯承载力
M_{max}	实测峰值弯矩
M_u	CFRP-钢管混凝土的抗弯承载力(兼有横、纵 CFRP)
M_u^c	M_u 的计算值
M_u^t	M_u 的试验值
M_y	CFRP-钢管混凝土在侧向滞回力作用下的抗弯承载力
n	轴压比
N	轴压力
N_0	施加于试件上的轴力
N_{bc}	CFRP-钢管混凝土压-弯构件的抗压承载力
N_{bc}^c	N_{bc} 的计算值
N_{bc}^t	N_{bc} 的试验值

N_E	欧拉临界力
N_{max}	峰值荷载
N_u	CFRP-钢管混凝土的轴压承载力
$N_{u,cr}$	CFRP-钢管混凝土的稳定承载力
$N_{u,cr}^c$	$N_{u,cr}$ 的计算值
$N_{u,cr}^t$	$N_{u,cr}$ 的试验值
N_u^c	N_u 的计算值
N_u^t	N_u 的试验值
p	外管对混凝土的(平均)约束力、外管与混凝土的相互作用力
P	中截面侧向力
P_{uc}	估算的侧向承载力
P_y	骨架曲线峰值荷载
r	承载力的提高率、方钢管的内倒角半径
r_c	混凝土的半径
t_{cf}	单层碳纤维布的厚度
t_s	钢管的壁厚
v_c	混凝土的泊松比
v_s	钢材的泊松比
u	受弯构件的挠度
u_m	受弯构件、轴压中长柱、压-弯构件的中截面挠度
w	混凝土裂缝的宽度
w_1	混凝土最大裂缝的宽度
m_{cf}	碳纤维布的单位面积质量
W_{cfscm}	CFRP-钢管混凝土的抗弯模量
α	含钢率，$=A_s/A_c$
β_0	钢管的初应力系数
δ_{cf}	碳纤维布的伸长率
Δ	压-弯滞回性能构件的中截面挠度
Δ_{cn}	中和轴到形心轴的距离
Δ_p	骨架曲线峰值荷载 P_y 对应的位移
Δ_y	屈服位移
Δ'	纵向压缩量
ε	应变
ε_0	混凝土的极限压应变
$\varepsilon_{75\%}$	荷载上升到 N_{max} 的 75%时的纵向应变

$\varepsilon_{85\%}$	荷载下降到 $N_{\max}$ 的 85%时的纵向应变
$\varepsilon_{\mathrm{cfl}}$	纵向 CFRP 的应变
$\varepsilon_{\mathrm{cflr}}$	纵向 CFRP 的断裂应变
$\varepsilon_{\mathrm{cfscp}}$	对应于 f_{cfscp} 的应变
$\varepsilon_{\mathrm{cfscy}}$	对应于 CFRP-钢管混凝土轴压强度 f_{cfscy} 的应变
$\varepsilon_{\mathrm{cft}}$	横向 CFRP 的应变
$\varepsilon_{\mathrm{cftr}}$	横向 CFRP 的断裂应变
$\varepsilon_{\mathrm{cl}}$	混凝土的纵向应变
ε_{l}	纵向应变
$\varepsilon_{\max}$	对应于 M_{u} 的最外纤维拉应变
ε_{r}	CFRP 的断裂应变
ε_{s}	钢管的应变
$\varepsilon_{\mathrm{sl}}$	钢管的纵向应变
$\varepsilon_{\mathrm{st}}$	钢管的横向应变
$\varepsilon_{\mathrm{sy}}$	钢管的屈服应变
ε_{t}	横向应变
ε_{u}	圆 CFRP-钢管混凝土轴压短柱在荷载达到 $N_{\max}$ 时对应的纵向应变、方 CFRP-钢管混凝土在横向 CFRP 断裂时对应的纵向应变
ε'	钢材的延伸率
$\varepsilon'_{\mathrm{cflr}}$	实测每个受弯试件的纵向 CFRP 的断裂应变
$\varepsilon'_{\mathrm{cftr}}$	实测每个轴压短柱的横向 CFRP 的断裂应变
ϕ	中截面的曲率
ϕ_{cf}	CFRP 所在位置的曲率
η	纵向 CFRP 增强系数
γ	CFRP-钢管混凝土抗弯承载力计算系数(仅有横向 CFRP)
γ_{c}	CFRP-钢管混凝土轴压承载力计算系数
γ_{m}	CFRP-钢管混凝土抗弯承载力计算系数(兼有横、纵 CFRP)
φ	CFRP-钢管混凝土的稳定系数
φ_{s}	钢管的稳定系数
λ	长细比
λ_0	CFRP-钢管混凝土弹塑性失稳的界限长细比
λ_{ji}	强度退化系数
λ_{p}	CFRP-钢管混凝土弹性失稳的界限长细比
μ	钢管与混凝土之间的摩擦系数、压-弯滞回性能位移延性系数
σ	应力

σ_0	混凝土的极限压应力
σ_{cfl}	纵向 CFRP 的应力
σ_{cfsc}	CFRP-钢管混凝土轴压短柱的名义压应力
σ_{cft}	横向 CFRP 的应力
σ_{cl}	混凝土的纵向应力
σ_s	钢管的应力
σ_{s0}	钢管的初应力
σ_{sc}	钢管混凝土轴压短柱的名义压应力
σ_{sl}	钢管的纵向应力
σ_{st}	钢管的横向应力
σ_t	混凝土的拉应力
σ_{t0}	混凝土的极限拉应力
ω_c	混凝土受压刚度恢复系数
ω_t	混凝土受拉刚度恢复系数
ξ	总约束系数
ξ_{cf}	横向 CFRP 约束系数
ξ_s	钢管约束系数
ξ'	约束系数比，$\xi'=\xi_{cf}/\xi_s$

1 绪　　论

随着人类文明的不断进步，建筑结构的形式也得以不断更新换代。从原始社会人类利用天然洞穴作为居所，到后来就地取材，用竹、木和山石等建造房屋，形成竹结构、木结构和砌体结构等。随着人类发明混凝土以及冶炼技术的不断提高，又逐渐形成了钢筋混凝土结构、钢结构和钢-混凝土组合结构等。

钢材的抗拉强度和抗压强度都很高，但钢材在受压时如果发生屈曲破坏则其抗压强度将得不到充分利用；混凝土的抗拉强度低，但其抗压强度相对较高且造价低廉。将钢材和混凝土这两种属性截然不同的材料以某种方式组合起来并使它们产生组合效应，扬长避短（充分发挥钢材的抗拉强度和混凝土的抗压强度，尽量避免钢材的受压屈曲破坏和混凝土的受拉破坏），就形成了所谓的钢-混凝土组合结构。

传统的钢-混凝土组合结构主要包括压型钢板-混凝土组合楼板[1-5]（图 1.1）、钢-混凝土组合梁[6-15]（图 1.2）、外包钢混凝土[16-22]（图 1.3）、型钢混凝土[23-33]（图 1.4）和钢管混凝土[34-36]。

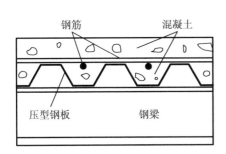

图 1.1　压型钢板-混凝土组合楼板示意图

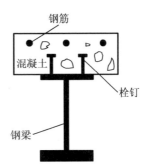

图 1.2　钢-混凝土组合梁示意图

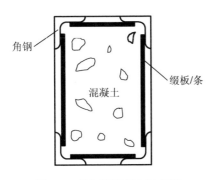

图 1.3　外包钢混凝土示意图

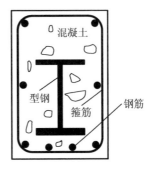

图 1.4　型钢混凝土示意图

压型钢板-混凝土组合楼板和钢-混凝土组合梁均为受弯构件且一般同时使用，主要由钢梁承担拉力，由压型钢板-混凝土组合楼板承担压力；外包钢混凝土既可以作为受压构件也可以作为受弯构件，由角钢和缀板/条焊接而成的钢骨架对混凝土有一定的约束作用；如果采用该钢骨架加固既有混凝土构件，也可以称为外包钢混凝土；型钢混凝土同样既可以作为受压构件也可以作为受弯构件，型钢腹板和翼缘对它们之间的混凝土有一定的约束作用，而外包的混凝土也可以延缓或避免钢板件的屈曲。

1.1　钢管混凝土简介

钢管混凝土是指在钢管中浇筑混凝土而形成、钢管与混凝土能够共同承担外荷载作用的结构工程用构件。钢管混凝土的组合方式简单，组合效果好，可以充分发挥钢材和混凝土各自的优势，同时又能很大程度地避免钢材和混凝土的劣势。圆截面钢管对混凝土的约束最好，而方截面钢管具有易于处理节点等优点，因此，圆截面钢管混凝土［图 1.5（a）］和方截面钢管混凝土［图 1.5（b）］的应用最为广泛。此外，根据工程实际的需要，也可以采用矩形、椭圆形、多边形乃至异形截面的钢管混凝土。

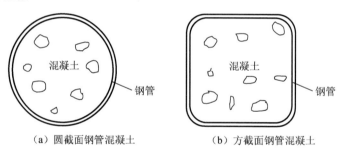

（a）圆截面钢管混凝土　　　　　　　（b）方截面钢管混凝土

图 1.5　钢管混凝土示意图

近几十年，钢管混凝土的应用越来越多，相关研究也越来越全面、深入和系统。实践证明，钢管混凝土承载力高、经济性好、施工便捷、节省支模工序和劳动力，并且建筑效果良好。由于钢管混凝土具有上述一系列优点，其特别适合应用于重载和恶劣的工况中，在类似的环境下，钢管混凝土钢管外壁的腐蚀直接影响着其工作性能。对于此类问题，一方面应该对其力学实质进行研究[37-39]，另一方面也可以对钢管混凝土进行改良以赋予其更好的耐久性。

1.2　FRP 管混凝土简介

纤维增强聚合物（fiber reinforced polymer，FRP）具有高的强度/质量比率、优异的耐腐蚀性、易于操作和日益低廉的价格等优点，其在结构工程中的应用也越来越多，其中，FRP 管混凝土就是典型形式之一[40-44]，其示意图如图 1.6 所示。FRP 管混凝土包括两种应用形式：一种是在预制的 FRP 管内浇筑混凝土以形成构件；另一种是通过外包 FRP 以增强或修复钢筋混凝土构件，本书笼统地将上述两种形式都称为 FRP 管混凝土。FRP 管混凝土的轴向承载力高且耐久性好，但毋庸讳言，脆性破坏始终是其短板。

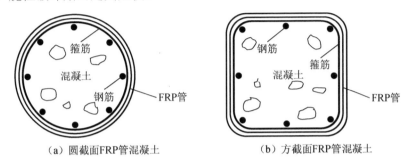

（a）圆截面FRP管混凝土　　　　（b）方截面FRP管混凝土

图 1.6　FRP 管混凝土示意图

1.3　FRP-金属管/壳在工程领域中的应用

现代工程领域有许多 FRP-金属复合容器/管道等的应用实例。图 1.7 为车载 GFRP-钢燃气罐，其内胆由钢材制作，外包玻璃纤维增强聚合物（galss fiber reinforced polymer，GFRP），这就充分利用了钢材的刚度和强度以及 FRP 材料的强度和耐久性。

图 1.7　车载 GFRP-钢燃气罐

在市政/化工工程中，一些用于运输高压气体/液体的管道也采用 FRP-金属复合管道，其内管由钢材或铸铁制作，外管由 FRP 材料制作，这种管道同样是利用了金属材料的刚度和强度以及 FRP 材料的强度。此外，外包 FRP 也有利于防腐。还有，对于一些服役时间较长而受损的石油管道，如果用外包 FRP 的方式进行修复会比重新铺设管道节省大笔的资金，在我国就有若干此类的工程实例。

1.4　CFRP-钢管混凝土简介

　　CFRP-钢管混凝土（图 1.8）是指在 CFRP-钢复合管内浇筑混凝土而形成的构件，也指用 CFRP 修复/加固受损或既有钢管混凝土而形成的构件。CFRP-钢管混凝土可以视为一种新型的组合结构，它结合了钢管混凝土和 FRP 管混凝土的优点。广义而言，钢管混凝土、FRP 管混凝土和 CFRP-钢管混凝土都属于筒体内填混凝土，它们的共同点就是都利用了三向受压混凝土强度高这一优点。

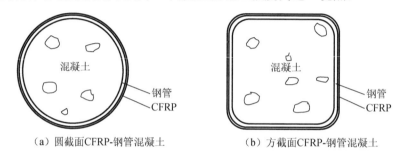

（a）圆截面CFRP-钢管混凝土　　　　　　（b）方截面CFRP-钢管混凝土

图 1.8　CFRP-钢管混凝土示意图

　　CFRP-钢管混凝土的出现缘于国家级工程设计大师林立岩先生和赵颖华教授在 21 世纪初的一次学术交流，作者有幸得到两位前辈的关注、指导和支持而开展了相关研究工作。

1.4.1　CFRP-钢管混凝土的研究进展

　　近十几年，国内外已有许多学者对 CFRP-钢管混凝土开展了轴压性能、受弯性能、稳定性能和滞回性能以及耐火性能、拉-弯性能和冲击性能等方面的试验研究、有限元模拟、理论分析和承载力计算/恢复力模型等的相关研究工作。

1. 轴压性能

　　Xiao 等用横向 CFRP 约束钢管混凝土潜在塑性铰的部位，进行了轴压试验并提出一个简化模型，用以分析局部屈曲和约束机制[45]。

　　Tao 等开展了圆形和矩形截面 CFRP-钢管混凝土的轴压试验以研究 CFRP 对钢管混凝土的加固效果[46]。试验结果表明，CFRP 有效提高了圆钢管混凝土的承载力，而对矩形钢管混凝土的增强效果不明显，但矩形试件的延性有所提高。他们提出了一个简化模型来计算 CFRP-钢管混凝土的轴压承载力。Tao 等还研究了 CFRP 修复火灾后圆钢管混凝土轴压短柱和方钢管混凝土轴压短柱的效果[47]。试验结果显示，CFRP 可以显著提高钢管混凝土的轴压承载力，试件的刚度也有一定程度的提高。

于峰等通过对已有试验研究结果的分析，发现 FRP-钢管混凝土的承载力主要与 FRP 对钢管混凝土的约束系数、无约束混凝土的抗压强度和钢管的厚度有关[48]。FRP-钢管混凝土可以较好发挥 FRP 管混凝土和钢管混凝土的双重优点，且 FRP-钢管混凝土具有较高的承载力和较好的延性，提出了 FRP-钢管混凝土承载力的计算表达式。

张常光等采用双剪统一强度理论，对 CFRP-钢管混凝土轴压短柱开展研究，分析了混凝土内摩擦角、中间主应力、钢管径厚比和 CFRP 粘贴层数对承载力的影响[49]，提出了 CFRP-钢管混凝土轴压承载力计算表达式；进一步的分析表明，由于横向 CFRP 的约束作用，CFRP-钢管混凝土的承载力得以大幅度提高，且 CFRP 的层数对承载力的提高起着直接作用。

Choi 等研发了简化分析模型用于分析 CFRP-钢管混凝土，通过计算结果与试验结果的对比证明了该模型的准确性，但试件屈服后的结果吻合得不太理想[50]。

Park 等对方钢管混凝土和方 CFRP-钢管混凝土进行了轴压试验，试验参数包括试件截面的宽厚比和 CFRP 的层数[51]。试验结果表明，CFRP 延缓了钢管的局部屈曲，提高了试件的延性，且随着 CFRP 层数的增加试件的承载力略有提高。Park 等还将 CFRP-钢管混凝土和钢管混凝土的结构特性进行比较[52]。通过轴压试验得出轴压承载力并且分析了 CFRP-钢管混凝土和钢管混凝土的延性；基于有效约束系数，提出了 CFRP-钢管混凝土轴压承载力的计算表达式。

Liu 等研究了 FRP-钢管混凝土的轴压承载力[53]，共计 11 根短柱，试验参数包括 FRP 的种类和数量、钢管的厚度和混凝土的强度等级。研究发现，FRP-钢管混凝土的承载力比钢管混凝土的高；提出了 FRP-钢管混凝土的承载力计算表达式。

Yu 等对现有试验数据开展分析，提出了 FRP-钢管混凝土承载力的计算表达式[54]。研究发现，FRP-钢管混凝土的力学特征主要取决于 FRP 破坏前的等效约束系数；确定了 FRP-钢管混凝土的简化应力-应变模型。

顾威等给出了圆 CFRP-钢管混凝土在轴压力作用下的应力-应变关系[55]，使用该应力-应变关系对 8 根 CFRP-钢管混凝土轴压短柱进行模拟，发现模拟结果与试验结果吻合良好。

Hu 等给出了圆 FRP-薄壁钢管混凝土的轴压性能试验结果[56]。试验的主要参数包括钢管的厚度和 FRP 的厚度。试验结果表明，包裹 FRP 可以很大程度地延缓甚至完全抑制钢管的局部屈曲变形；外包 FRP 后薄壁钢管混凝土的承载力和延性得以大幅提高，混凝土的性能也得到显著改善。

Sundarraja 等研究了钢管混凝土外包 FRP 对结构的改善[57-59]，共计 21 个轴压试件，其中 18 个试件以 20mm 和 40mm 的间距包裹宽度为 50mm 的 CFRP，其余三个试件不包裹 CFRP，以便了解 FRP 对方截面钢管混凝土的破坏模态、轴向应力-应变关系和承载力的影响。研究表明，外部包裹 CFRP 有效地限制了压缩变形，延缓了钢管的局部屈曲，进一步提高了抗压承载力；提出了一种分析模型，用来预测 CFRP-钢管混凝土的轴压承载力。

Li 等研究了包裹 FRP 的几何不连续性对圆钢管混凝土的影响[60]，使用理想弹塑性黏结模型计算 FRP 的横向断裂值，有限元计算结果与试验结果吻合良好；考查了 FRP 的厚度、正交各向异性和弹性模量以及黏结屈服强度、厚度和试件尺寸等参数的影响规律。

Teng 等以增量迭代形式提出了一个理论模型，主要用于计算受圆 FRP-钢管约束的混凝土在轴压力作用下的应力-应变关系[61]。结果表明，在初始阶段受 FRP-钢管约束的混凝土的横向变形与受 FRP 约束的混凝土的有明显差异，原因是前者比后者产生了更多的微裂缝，并且该模型的计算结果与现有的试验结果基本一致。

Zhou 等对 CFRP-钢管混凝土的力学性能进行了分析[62]，基于双剪统一强度理论，给出了 CFRP-钢管混凝土轴压承载力的计算表达式，计算结果表明，外包 CFRP 层数、CFRP 的抗拉强度和钢管的屈服强度、壁厚和直径是影响 CFRP-钢管混凝土承载力的主要因素。

赵均海等采用统一强度理论对方 CFRP-钢管混凝土轴压短柱进行受力分析[63]，引入等效应力系数、混凝土强度折减系数和等效约束折减系数，将方 CFRP-钢管混凝土转化为圆 CFRP-钢管混凝土，建立了方 CFRP-钢管混凝土轴压承载力的计算表达式。进一步分析的结果表明，随材料拉/压比、统一强度理论参数和 CFRP 厚度的增加，方 CFRP-钢管混凝土轴压短柱的承载力增大，但 CFRP 的约束效果却随其厚度的增加而减小。

卢亦焱等在 10 根圆 FRP-钢管混凝土轴压短柱试验研究的基础上，应用有限元方法分析钢管壁厚、混凝土强度和 FRP 种类、层数以及弹性模量对圆 FRP-钢管混凝土轴压性能的影响[64]。研究结果表明：随着钢管壁厚的增加，圆 FRP-钢管混凝土轴压短柱的屈服荷载和承载力增大；提高混凝土强度可小幅度提高试件的承载力，但对延性影响不大；增加 FRP 层数会明显增大试件的承载力和延性；CFRP 抗拉强度相同时，随着其弹性模量的增大，试件的延性减小。结合有限元分析结果，建立了圆 FRP-钢管混凝土轴压承载力的简化计算式。

2. 受弯性能

陶忠等进行了 CFRP 加固受火后钢管混凝土的弯曲性能的试验[47]。试验结果表明，CFRP 对受弯试件的修复效果不如对于轴压短柱的，也许是因为未粘贴纵向 CFRP。

Wei 等研究了 FRP-钢管混凝土的抗弯性能[65]。试验选用 3 个大尺寸的圆 FRP-钢管混凝土，对 FRP 的影响和多种极限应变下不同类型的 FRP 复合材料进行研究。研究发现，FRP-钢管混凝土的荷载-位移曲线可分为四个阶段，即弹性阶段、塑性阶段、强化阶段和残余阶段；得到了多种极限应变下的 FRP-钢管混凝土荷载-位移曲线的下降段；FRP 能提高钢管混凝土的承载力并使构件在钢管屈服后达到强化阶段；不同 FRP 的组合能缓和 FRP-钢管混凝土的断裂破坏，实现了 FRP 分批连续破坏并改变了失效模式。

Sundarraja 等研究了 CFRP 对钢管混凝土受弯构件的增强作用[66]，共计 18 个试件，其中 9 个试件的 CFRP 沿着整个试件的长度粘贴在底部，另外 9 个试件的 CFRP 仅粘贴在中间加载点的底部，还有一个研究参数是 CFRP 的层数；同时，也建立了一个非线性有限元模型来验证应力-应变关系曲线和相应的破坏模态等。研究结果显示，部分粘贴 CFRP 的试件由于 CFRP 的剥离而破坏，有的甚至还没有达到相应的钢管混凝土试件的承载力，而沿着试件全长粘贴 CFRP 的试件的抗弯承载力和刚度有明显提高。建议如果可以避免 CFRP 的剥离破坏，则部分包裹 CFRP 的方法可行。

Al-Zand 等通过有限元模拟来研究 CFRP 加固方钢管混凝土受弯构件的受力特性，经验证有限元模拟结果和试验结果一致[67]。研究的主要参数包括 CFRP 层数、试件的长细比、钢管的屈服强度和径厚比。研究发现，在弹性阶段，CFRP 对钢管混凝土抗弯承载力的提高没有明显作用；在塑性阶段，CFRP 可以显著提高钢管混凝土的抗弯承载力。沿计算模型长度的 75%或者更大的范围内粘贴 CFRP 的作用效果明显，而由于 CFRP 的剥离破坏，沿计算模型长度的 50%的范围内粘贴 CFRP 几乎没有作用。研究还发现，采用同样的加固形式，随着试件的长细比和钢管的径厚比的提高或钢材屈服强度的降低，抗弯承载力提高的幅度也增大。Al-Zand 等还研究了单向 CFRP 对圆钢管混凝土受弯构件和方钢管混凝土受弯构件的抗弯承载力的提高效果[68]。CFRP 的黏结形式有不同层数和长度的 CFRP 的单侧局包、单侧全包和双侧全包。研究结果表明，随着 CFRP 层数的增加，受弯构件的抗弯承载力、耗能能力和抗弯刚度有显著提高。例如，当分别用 2 层和 3 层 CFRP 对受弯构件局包时，其抗弯承载力分别提高了 26%和 38%。沿受弯构件全长的 75%和 100%的局包与沿受弯构件全长的全包时，抗弯承载力可以得到大致相等的提高（26%～28%），这也意味着当需要提高同样的抗弯承载力时可以节省 50%甚至更多的 CFRP。当用两层 CFRP 对受弯构件局包时，圆 CFRP-钢管混凝土受弯构件的耗能能力提高了 21.8%。在粘贴 CFRP 之后，受弯构件的抗弯刚度值和现行标准的计算值接近。Al-Zand 等还用有限元法分析了 CFRP-钢管混凝土的受弯性能[69]。在受弯构件底部用 CFRP 沿全长和部分长度进行加固，钢管和 CFRP 之间采用了 3 种接触方式，即完全绑定、黏结单元和内聚性能。有限元分析结果和现有的试验研究结果证实，可以用完全绑定接触的有限元模型来模拟沿全长外包 CFRP 的钢管混凝土受弯构件，但是该接触模型不能模拟局包的受弯构件的 CFRP 的剥离破坏。无论全包还是局包的 CFRP-钢管混凝土受弯构件，用黏结单元和内聚性能接触模型都可以合理描述 CFRP 的断裂破坏和剥离破坏。

3. 稳定性能

顾威等通过 18 根 CFRP-钢管混凝土轴压长柱和用于对比的 6 根钢管混凝土轴压长柱的承载力试验研究,探讨了 CFRP-钢管混凝土轴压长柱的受力性能[70]。研究结果表明,CFRP 可以有效提高钢管混凝土轴压长柱的承载力;CFRP 对钢管混凝土轴压长柱稳定承载力的提高率近似随着 CFRP 约束系数的增加而线性增加、随着长细比的增加而减小。根据试验所得到的长细比影响折减系数,确定了 CFRP-钢管混凝土轴压长柱承载力的计算方法。

刘兰研究了 FRP-钢管混凝土短柱和长柱的轴压性能[71]。通过 11 个 FRP-钢管混凝土轴压试件的试验,研究了其工作机理、破坏形态和承载力以及 FRP 的种类与用量、含钢率和混凝土强度等级等对轴压性能的影响。试验结果表明,与钢管混凝土相比,FRP-钢管混凝土的轴压承载力和刚度有较大程度的提高;FRP-钢管混凝土的钢管与 FRP 能很好地共同工作,两者对试件的约束力都得到了充分发挥;试件的破坏形态主要与粘贴 FRP 的种类有关;随着 CFRP 层数的增加,试件的承载力提高,延性也有所改善;随着钢管壁厚的增加,试件的屈服强度和承载力提高;混凝土强度等级的提高可以适当提高试件的承载力。

于峰等研究了 FRP-钢管混凝土长柱的承载力[72]。以钢管约束系数和 FRP 约束系数为主要参数,考虑混凝土强度等级对 FRP-钢管混凝土承载力的提高效果的调整系数,建立了 FRP-钢管混凝土轴压承载力的计算模型。在此基础上,分别引入钢管混凝土稳定系数和 FRP 约束混凝土柱稳定系数,建立了 FRP-钢管混凝土长柱的承载力计算模型。研究表明:随着 FRP-钢管混凝土长细比的增加,构件的承载力逐渐减小;通过对已有试验数据的分析,发现 FRP-钢管混凝土长柱的承载力主要与钢管混凝土短柱的轴压承载力和 FRP-混凝土长柱的稳定系数有关,提出了 FRP-钢管混凝土长柱承载力的计算表达式。

4. 滞回性能

Xiao 等开展了横向 CFRP 局部约束钢管混凝土的滞回性能的研究[45],发现该类结构体系的抗震性能较好。

Park 等对现有方钢管混凝土和方 CFRP-钢管混凝土进行了压-弯滞回试验[51]。试验的参数包括混凝土强度等级和 CFRP 的层数。试验结果表明,CFRP 层数的增加仅使承载力略有提高,但 CFRP 层数的增加使得试件的延性大大提高,且 CFRP 延缓了试件底部钢管的局部屈曲。

Zhu 等为了研究 GFRP-钢管混凝土和 CFRP-钢管混凝土在多维地震作用下的性能,用有限元软件 ABAQUS 对拟静力试验进行数值模拟[73],深入研究了不同模型的 FRP 厚度、轴压比和含钢率的影响。模拟结果发现,FRP 越厚,试件的耗能能力越强、承载力越高;在弹塑性阶段,随着轴力的增加,试件的刚度折减变得越发严重；随着含钢率的增加试件的耗能能力有所提高。

王志滨等以 CFRP 加固方式和轴压比为主要参数，进行了 9 个方 CFRP-钢管混凝土压-弯试件的滞回试验，建议了适合 ABAQUS 中使用的 CFRP 材料模型及 CFRP 断裂的模拟方法，并建立了双向方 CFRP-钢管混凝土压-弯构件的有限元模型[74]。研究结果表明：该类构件的滞回曲线饱满；轴压比越大，构件的延性越差，侧向承载力越低；纵向 CFRP 可有效提高构件的侧向承载力，但随着轴压比的增大，纵向 CFRP 的加固效果下降；横向 CFRP 可显著提高构件的耗能能力，同时还可保证纵向 CFRP 与钢管之间良好的黏结性能，建议了简化的中截面侧向荷载-位移滞回模型。

杨炳等为了研究方 CFRP-钢管混凝土的抗震性能，制作了 3 个方钢管混凝土试件，其中 1 个为对比试件，另外 2 个先经 CFRP 加固，再进行低周往复水平荷载破坏试验，考察了轴压比对 CFRP 加固效果的影响[75]。试验结果表明，CFRP 提高试件承载力的幅度较小，但能明显改善试件的延性，提高其耗能能力；轴压比对 CFRP 的加固效果有一定影响，随着轴压比的增大，方 CFRP-钢管混凝土的承载力提高幅度增大，但位移延性系数提高率减小，耗能能力下降；从提高极限位移、延性和耗能能力来看，用 CFRP 加固方钢管混凝土是一种有效的方法。

Cai 等测试了 6 个足尺的悬臂试件在恒定轴力和侧向滞回位移复合作用下的受力性能，试件包括钢筋混凝土、CFRP 管钢筋混凝土、GFRP 管钢筋混凝土和薄壁钢管钢筋混凝土试件各 1 个以及 2 个 GFRP-薄壁钢管混凝土试件，还有一个参数是轴压比[76]。通过对破坏模态、滞回性能、延性、刚度退化、耗能能力和等效黏结阻尼系数的分析来对比试件的地震效应，还研究了 GFRP 和钢管分别对 GFRP-钢管混凝土的影响。试验结果表明，GFRP-钢管混凝土限制了试件的局部屈曲的发生以及由于双轴应力过大而导致的焊缝的突然破坏；当轴压比从 0.2 增加到 0.45 时，GFRP-钢管混凝土的位移延性几乎不变。

5. 其他性能

Tao 等研究了 FRP-钢管混凝土的耐火性能[77]，通过圆 FRP-钢管混凝土轴压试件的耐火试验得出其在火灾过后的破坏模态，分析了截面温度、轴向变形和试件的耐火性能。研究结果表明，如果能合理地设计 FRP-钢管混凝土，就能达到其所要求的耐火极限。

Wang 等研究了圆 CFRP-钢管混凝土的拉-弯性能[78]，试验的主要参数为纤维的方向、荷载偏心率和 CFRP 层数及其粘贴方法；用有限元法对拉-弯试件进行受力全过程分析和参数分析。研究发现：纵向 CFRP 能够有效提高钢管混凝土的承载力；CFRP-钢管混凝土在纵轴 45°方向上的变形能力最大；提出了简化的承载力模型来计算 CFRP-钢管混凝土在拉-弯作用下的承载力。

Chen 等研究了 FRP-钢管混凝土的冲击性能[79]，用有限元模型分析各种 FRP

加固的和钢管厚度不同的钢管混凝土在不同荷载情况下遭受横向冲击的动力性能。与钢管混凝土相比,FRP-钢管混凝土在力学性能和结构性能方面有优势。FRP-钢管混凝土有更高的承载能力和更好的韧性,更适用于遭受冲击荷载的结构。FRP-钢管混凝土的冲击性能受 FRP 种类和钢管厚度的影响:厚钢管吸收更多的冲击能,可以提高试件刚度,所以试件的抗冲击的能力高且变形较小。相同厚度的CFRP 对试件的约束效果好于 GFRP。

Shakir 等研究了普通骨料混凝土或再生骨料混凝土 CFRP-钢管混凝土承受横向冲击作用的力学性能[80],共计 84 个试件,主要研究参数包括试件长度、撞击器的外形、混凝土的强度等级和局部增强。研究结果显示,普通骨料混凝土钢管混凝土和再生骨料混凝土钢管混凝土试件的变形近似,并且二者抵抗冲击的能力也相当。试验还表明,外包 CFRP 的普通骨料混凝土钢管混凝土和再生骨料混凝土钢管混凝土的整体变形有所降低。

6. 存在的问题

根据作者掌握的材料,目前关于 CFRP-钢管混凝土的研究至少存在以下几个问题。

(1)研究不够全面和系统。相关研究主要集中在轴压性能、受弯性能和稳定性能,而对于工程中最常见的压-弯静力性能的研究则很少,也正是因为如此,压-弯滞回性能的研究稍有无本之木之嫌。

(2)研究不够深入。相关研究较多的是以试验研究为手段,从表象分析其工作机理,而鉴于研究对象的复杂性,仅仅通过试验研究往往难以全面掌握和深入了解 CFRP-钢管混凝土的力学实质;也正是因为上述提到的研究不够全面和系统,才导致了不可能深入研究 CFRP-钢管混凝土。事实上,随着相关研究的逐步完善以及计算机技术的迅猛发展,将理论分析和试验研究结合起来以开展相关研究已经成为现实。

(3)CFRP-钢管混凝土在单一/复合单调荷载作用下的承载力计算问题及其在复合荷载作用下的恢复力模型问题尚未得到很好的解决。

1.4.2　CFRP-钢管混凝土的特点与工程应用

1. CFRP-钢管混凝土的特点

1)承载力高

由于混凝土受到钢管与 CFRP 的双重约束,而钢管也受到 CFRP 的约束,CFRP-钢管混凝土的承载力要高于钢管混凝土。

2)耐久性好

由于外包 CFRP 这种防腐性能优异的复合材料,CFRP-钢管混凝土的耐久性要好于钢管混凝土。

3）可以用于修复/加固既有的钢管混凝土

随着钢管混凝土应用的日趋广泛，其受地震作用、火灾和腐蚀的可能性也不断增加；此外，由于设计或施工考虑不周以及建筑用途发生改变等，也都需要对既有钢管混凝土提出潜在的修复/加固要求。外包钢管混凝土、外包 FRP 管混凝土和外包混凝土都是较好的修复/加固选择，但这都属于增大截面加固法，施工工期较长，操作也较为复杂，可在钢管混凝土受损较为严重、需要大幅度提高其承载力时采用。在多数情况下，由于实际构件的损坏能够得到有效控制，钢管混凝土在损坏后其承载力下降并不显著，或者在建筑用途发生改变的情况下仅需提高一小部分承载力，此时在钢管混凝土外直接粘贴 CFRP，形成 CFRP-钢管混凝土也不失为一个较好的选项。

4）延缓钢管的屈曲

对于管体内填混凝土结构，内填的混凝土可以消除外管的内凹，但却不能避免其外凸，而 CFRP-钢管混凝土的 CFRP 可以延缓甚至避免钢管的局部外凸。

5）延性优于 FRP 管混凝土

由于钢管的存在，CFRP-钢管混凝土的延性优于 FRP 管混凝土的延性。

6）耐火性尚可

目前多数组成 CFRP 的树脂都具有较低的耐火极限，虽然国内外的研究者们一直在致力于提高 CFRP 耐火性能的研究，但在其得到根本改善并做到产品市场化之前，CFRP-钢管混凝土在实际应用时如何解决好 CFRP 的耐火问题仍是需要首要关注的问题。由于建筑中的火灾通常都是局部性的，需要加固的构件的数量一般不会太多，此时，即使在 CFRP 表面设置较厚的防火保护层，以保证其在规定的耐火极限内不发生破坏，也易为工程技术人员及业主所接受。此外，如果考虑到火灾荷载的偶然性，其荷载组合值要低于正常情况下的荷载组合值这个有利因素，通过验算甚至可允许 CFRP 在火灾发生时完全失效，从而无须对其进行防火保护；或者仅对 CFRP 设置比较薄的防火保护层，允许其在火灾发生一段时间后失效。

事实上，任何一种结构都有利有弊，CFRP-钢管混凝土也不例外，因此，如果能够因地制宜地采用此类结构，也可以取得良好的建筑效果，如可以将 CFRP-钢管混凝土用于不易发生火灾而可能发生金属腐蚀的环境中，如桥梁工程、水工结构以及近海与海洋工程等。

2. CFRP-钢管混凝土的工程应用

CFRP-钢管混凝土的工程应用虽然很少，但鉴于 CFRP-钢管混凝土具有一系列优点，相信会得到越来越多的应用。翟存林等结合实际工程（图 1.9），提出了FRP-钢管混凝土桥墩[81]，推导了 FRP-钢管混凝土桥墩承载力的简化计算表达式，发现桥墩承载力主要取决于钢管和 FRP 的总的约束系数，另外，尚需考虑偏心率和长细比的影响，研究表明，计算结果与试验结果吻合尚可（由此也可见相关基础研究滞后于工程需要），还提出了 FRP-钢管混凝土桥墩施工技术要点和关键工艺，包括钢管的加工制作、混凝土的浇筑、界面处理、FRP 的粘贴和耐久性保护等。

图 1.9　CFRP-钢管混凝土工程实例：南京绕越高速东北段程桥枢纽匝道桥墩

1.5　几个重要概念

在关于钢管混凝土的研究中，用钢管约束系数（ξ_s）[36]来体现钢管对混凝土的约束作用，即

$$\xi_s = \frac{A_s f_y}{A_c f_{ck}} \tag{1.1}$$

式中：A_s 和 f_y 分别为钢管的横截面积和屈服强度；A_c 和 f_{ck} 分别为混凝土的横截面积和轴心抗压强度标准值，$f_{ck}=0.67 f_{cu}$，f_{cu} 为混凝土立方体抗压强度。

借鉴上述研究思路，在关于 CFRP-钢管混凝土的研究中，对于以承受轴压力为主的 CFRP-钢管混凝土而言，需要横向 CFRP 为钢管混凝土提供横向约束，作者用横向 CFRP 约束系数（ξ_{cf}）[82, 83]来体现横向 CFRP 的约束作用，即

$$\xi_{cf} = \frac{A_{cft} f_{cft}}{A_c f_{ck}} \tag{1.2}$$

$$f_{cft} = E_{cf}\varepsilon_{cftr} \tag{1.3}$$

式中：A_{cft} 和 f_{cft} 分别为横向 CFRP 的横截面积和抗拉强度；E_{cf} 为碳纤维布的弹性模量；ε_{cftr} 为横向 CFRP 的断裂应变。

对于同时承受轴压力和较大的弯矩作用的 CFRP-钢管混凝土而言，除了需要横向 CFRP 为钢管混凝土提供横向约束，还需要纵向 CFRP 为钢管混凝土提供纵向增强，此时，作者用纵向 CFRP 增强系数（η）[84]来体现该作用，

$$\eta = \frac{A_{cfl}f_{cfl}}{A_s f_y} \tag{1.4}$$

$$f_{cfl} = E_{cf}\varepsilon_{cflr} \tag{1.5}$$

式中：A_{cfl} 和 f_{cfl} 分别为纵向 CFRP 的横截面积和抗拉强度；ε_{cflr} 为纵向 CFRP 的断裂应变（由于 CFRP 所处位置的曲率不同，CFRP 的断裂应变也不同，后文详细说明）。

作者用总约束系数（ξ）[82, 83]来体现横向 CFRP 和钢管对混凝土的总的约束作用，用约束系数比（ξ'）[82, 83]来体现横向 CFRP 与钢管的匹配关系，即

$$\xi = \xi_s + \xi_{cf} \tag{1.6}$$

$$\xi' = \frac{\xi_{cf}}{\xi_s} \tag{1.7}$$

约束系数比（ξ'）越大，CFRP-钢管混凝土越接近于 CFRP 管混凝土，ξ' 越小，CFRP-钢管混凝土越接近于钢管混凝土。

1.6 本书的研究内容与方法

本书的研究内容为 CFRP-钢管混凝土的静力性能和滞回性能两部分，包括 CFRP-钢管混凝土轴压、受弯、稳定和压-弯的静力性能，以及压-弯滞回性能。

结合本书的研究对象和研究内容，本书的研究方法如下：合理设计参数，开展一定数量的试验研究工作；根据试验结果，确定受 CFRP-钢管约束的混凝土在轴压力作用下的应力-应变关系；应用 ABAQUS 建立模型以模拟 CFRP-钢管混凝土在不同荷载作用下的力学性能，并将模拟结果与试验结果反复对比、修正，以期给出合理的有限元模型；应用该模型对 CFRP-钢管混凝土进行受力全过程分析，以便更加深入了解 CFRP-钢管混凝土的力学实质，并将分析结果与试验结果相对照，进一步验证有限元模型的合理性；进行参数分析，研究若干重要参数对试件的荷载-变形曲线的形态、承载力和刚度等的影响规律；在上述参数分析的基础上给出承载力计算表达式/相关方程（静力性能）或恢复力模型（滞回性能）。

2 CFRP-钢管混凝土的轴压性能

　　CFRP-钢管混凝土除了耐久性较好之外，其另一个显著优势就是抗压强度高，原因在于三向受压的混凝土的强度非常高。因此，CFRP-钢管混凝土的轴压性能是其最为基本、核心和重要的性能，也是研究其他力学性能的基础，因此，应首先研究 CFRP-钢管混凝土的轴压性能。以往的研究表明，对于圆截面构件的长径比（L/D，其中 L 为构件的计算长度，D 为构件的外径）或方截面构件的长宽比（L/B，其中 B 为构件的外边长）小于等于 3 的管体内填混凝土，其在轴心压力作用下不会发生压屈效应，承载力由材料强度和材料之间的组合效应所决定，可以认为此类构件在轴心压力作用下的力学性能为轴压性能，一般将此类构件称为轴压短柱。

　　为了了解 CFRP-钢管混凝土的轴压性能，本书作者分别进行了 15 个圆 CFRP-钢管混凝土轴压短柱（内含 5 个圆钢管混凝土轴压短柱）[85-88]和 16 个方 CFRP-钢管混凝土轴压短柱（内含 4 个方钢管混凝土轴压短柱）[89, 90]的静力试验，对试件的轴压力/名义压应力-钢管纵向应变曲线的特点、破坏模态以及钢管与 CFRP 的协同工作等进行了探讨；分别提出了受圆 CFRP-钢管和方 CFRP-钢管约束的混凝土在轴压力作用下的应力-应变关系，应用 ABAQUS 模拟了试件的 $N\text{-}\varepsilon$ 曲线和变形模态等。以上述研究为基础，对构件的应力-应变曲线特点、各组成材料的应力和应变/变形、外管对混凝土的约束力以及黏结强度和钢管初应力对构件静力性能的影响等进行了受力全过程和理论分析；探讨了横向 CFRP 层数、钢材屈服强度、混凝土强度和含钢率等对构件静力性能的影响；基于性能分析，定义了 CFRP-钢管混凝土的轴压强度，给出了相应的承载力计算表达式，应用该式可以合理计算 CFRP-钢管混凝土的轴压承载力。

2.1　试验研究

2.1.1　试件的设计、制作与材料性能

1. 试件的设计

1）圆轴压短柱

　　本书作者进行了 10 个圆 CFRP-钢管混凝土轴压短柱和 5 个圆钢管混凝土轴压短柱的静力性能试验，主要参数包括钢管壁厚 t_s 和横向 CFRP 层数 m_t，其他参数见表 2.1。

表 2.1 圆轴压短柱的参数

序号	编号	t_s /mm	m_t /层	D_s /mm	ξ_s	ξ_{cf}	ε'_{cftr} /με	DI	N_u^t /kN	$E_{cfsc}A_{cfsc}$ /($\times10^3$kN)	$r/\%$
1	CSCA0	1.5	0	127	0.45	0	—	12.9	866	499	0
2	CSCA1	1.5	1	127	0.45	0.19	4124	3.8	1018	628	17.6
3	CSCA2	1.5	2	127	0.45	0.38	6035	2.6	1228	659	41.8
4	CSCB0	2.5	0	129	0.75	0	—	10.5	990	621	0
5	CSCB1	2.5	1	129	0.75	0.19	6370	7.4	1186	745	19.8
6	CSCB2	2.5	2	129	0.75	0.39	8008	3.5	1384	761	39.9
7	CSCC0	3.5	0	131	1.06	0	—	11.7	1219	765	0
8	CSCC1	3.5	1	131	1.06	0.2	1780	9.3	1406	774	15.3
9	CSCC2	3.5	2	131	1.06	0.4	7044	5.0	1714	744	40.6
10	CSCD0	4.5	0	133	1.37	0	—	13.0	1301	899	0
11	CSCD1	4.5	1	133	1.37	0.2	5499	12.6	1559	884	19.8
12	CSCD2	4.5	2	133	1.37	0.4	3380	5.6	1865	834	43.4
13	CSCE0	6.0	0	136	1.85	0	—	14.8	1493	1101	0
14	CSCE1	6.0	1	136	1.85	0.21	7163	12.3	1891	1192	26.7
15	CSCE2	6.0	2	136	1.85	0.41	6132	9.2	2105	1145	41

注：με为微应变，表示长度的相对变化量；编号中"CSC"指的是圆柱（circular stub column）；第四个字母"A、B、C、D、E"指的是t_s分别为1.5mm、2.5mm、3.5mm、4.5mm、6mm；阿拉伯数字"0、1、2"指的是m_t的值；D_s为圆钢管的外径，试件的计算长度（L）取为D_s的3倍；ε'_{cftr}为实测每个轴压短柱的横向CFRP的断裂应变；DI为延性系数；N_u^t为轴压短柱强度承载力（N_u）的试验值；$E_{cfsc}A_{cfsc}$为轴压短柱的纵向刚度；r为CFRP-钢管混凝土试件相对于钢管混凝土试件的承载力提高率。

2）方轴压短柱

本书作者进行了12个方CFRP-钢管混凝土轴压短柱和4个方钢管混凝土轴压短柱的静力性能试验，主要参数包括混凝土立方体抗压强度f_{cu}和横向CFRP层数m_t，其他参数见表2.2。

表 2.2 方轴压短柱的参数

序号	编号	f_{cu} /MPa	m_t /层	B_s /mm	ξ_s	ξ_{cf}	ε'_{cftr} /με	DI	N_u^t /kN	$E_{cfsc}A_{cfsc}$ /($\times10^3$kN)	$r/\%$
1	SSCA0	33	0	140	1.45	0	—	4.53	919	902	0
2	SSCA1	33	1	140	1.45	0.11	3166	4.43	969	937	5.4
3	SSCA2	33	2	140	1.45	0.22	3186	3.99	1094	971	19
4	SSCA3	33	3	140	1.45	0.33	2810	4.92	1107	1006	20.5
5	SSCB0	39.4	0	140	1.23	0	—	4.36	1084	914	0
6	SSCB1	39.4	1	140	1.23	0.09	3227	2.52	1107	946	2.1
7	SSCB2	39.4	2	140	1.23	0.18	2928	5.23	1201	979	10.8
8	SSCB3	39.4	3	140	1.23	0.28	3686	4.7	1266	1011	16.8
9	SSCC0	49	0	140	0.99	0	—	2.93	1158	954	0
10	SSCC1	49	1	140	0.99	0.07	3206	3.2	1187	983	2.5
11	SSCC2	49	2	140	0.99	0.15	3118	2.54	1297	1013	12

续表

序号	编号	f_{cu}/MPa	m_t/层	B_s/mm	ξ_s	ξ_{cf}	ε'_{cftr}/$\mu\varepsilon$	DI	N_u^t/kN	$E_{cfsc}A_{cfsc}$/($\times10^3$kN)	r/%
12	SSCC3	49	3	140	0.99	0.22	3023	2.63	1374	1043	18.7
13	SSCD0	59.7	0	140	0.81	0	—	1.69	1470	1011	0
14	SSCD1	59.7	1	140	0.81	0.06	3084	3.57	1582	1039	7.6
15	SSCD2	59.7	2	140	0.81	0.12	2902	1.87	1688	1067	14.8
16	SSCD3	59.7	3	140	0.81	0.18	2890	2.59	1799	1095	22.4

注：编号中"SSC"指的是方短柱（square stub column）；第四个字母"A、B、C、D"指的是f_{cu}分别为33MPa、39.4MPa、49MPa、59.7MPa；阿拉伯数字"0、1、2、3"指的是m_t的值；B_s为方钢管的外边长，L取为B_s的3倍。

2. 试件的制作

首先制作钢管混凝土试件，具体操作过程参见文献[36]，然后手工粘贴碳纤维布，具体的工艺流程如下[91]。

（1）试件表面的处理与清洗：用角磨机、钢丝刷和砂纸认真清除钢管表面的焊渣和浮锈，然后用丙酮擦拭表面，去除油污。

（2）涂刷底胶：将底胶 JGN-P 建筑结构黏合剂的主剂和固化剂按 3∶1 比例先后放入塑料盆内，低速搅拌均匀（确保使用时间不超过产品说明书的规定），然后用毛刷将底胶均匀涂刷于钢管表面，用量大约为 0.2kg/m²。

（3）粘贴碳纤维布：按设计要求裁剪碳纤维布。将 JGN-C 建筑结构黏合剂的主剂和固化剂按 3∶1 比例先后放入塑料盆内，低速搅拌均匀（确保使用时间不超过产品说明书的规定），均匀涂抹于待粘贴试件和碳纤维布外表面，用量大约为 0.8kg/m²。采用刮压的方法去除气泡，确保黏合剂完全渗入碳纤维布内并和试件有效黏结。

（4）粘贴碳纤维布的次序：首先粘贴纵向碳纤维布（如果有，例如后文的受弯试件、轴压中长柱和压-弯试件等），待粘贴一层碳纤维布指触干燥后重复步骤（3），直至所有纵向碳纤维布粘贴完毕，然后再按照上述步骤粘贴横向碳纤维布，搭接长度为 150mm，最后在最外层碳纤维布外表面涂刷一层 JGN-C 建筑结构黏合剂。

（5）黏合剂固化：碳纤维布在实验室内自然固化，一天内应指触干燥，一周内应完全固化。

图 2.1 为试验前的全部方轴压短柱。

3. 材料性能

1）钢材

圆轴压短柱采用无缝钢管，钢管原壁厚均为6mm，经加工后达到各自的设计厚度；方轴压短柱采用直缝焊冷弯型钢管，内倒角半径 r 为 5mm，钢管壁厚（t_s）均为 3.5mm。试验前将钢管沿纵向剖开，从钢管的管壁处（对于方钢管避开焊缝和弯角）取样，做成标准试件测得[92]钢材的屈服强度 f_y、抗拉强度 f_u、弹性模量 E_s、屈服应变 ε_{sy}、泊松比 ν_s 和延伸率 ε' 等指标如表 2.3 所示。

图 2.1　试验前的全部方轴压短柱

表 2.3　轴压短柱所用钢管的性能指标

钢管截面	f_y/MPa	f_u/MPa	E_s/GPa	ε_{sy}/$\mu\varepsilon$	ν_s	ε'/%
圆	330	462	203	1700	0.28	12.8
方	300	425	203	2878	0.28	24

2）混凝土

圆轴压短柱的混凝土采用普通硅酸盐水泥（C）、自来水（W）、硅砂（S）为细骨料，最大粒径 20mm 的石灰岩（G）为粗骨料，另添加 1%（质量百分比）的减水剂（SP），具体配合比（kg/m³）为 C：W：S：G=490：172：662：1078。由与试件同条件下养护成型的 150mm 立方体测得[93]f_{cu}=54MPa，由 150mm×150mm×300mm 的棱柱体轴心受压试验测得弹性模量 E_c=34.5GPa。

方轴压短柱采用自密实混凝土，普通硅酸盐水泥（C），Ⅰ级粉煤灰（FA），中粗砂（S），粒径为 5～15mm 的碎石（G），自来水（W），MIGHTY 100 减水剂（SP），具体配合比见表 2.4。

表 2.4　方轴压短柱所用混凝土的配合比

组别	水泥强度等级	C+FA	S	G	W	SP
A 组	42.5	0.6+0.4	2.5	1.5	0.4	0.01
B 组	42.5	0.6+0.4	2	1.4	0.35	0.01
C 组	52.5	0.76+0.24	1.5	1.5	0.3	0.017
D 组	52.5	0.74+0.26	1.2	1.5	0.3	0.009

方轴压短柱所用混凝土的指标如表 2.5 所示。

表 2.5   方轴压短柱所用混凝土的指标

组别	f_{cu}/MPa	坍落度/cm	扩展度/cm	平均流速/（mm/s）	H_1/H_2	E_c/GPa
A 组	33.0	23	43×55	41	1.05	26.5
B 组	39.4	26	42×44	41	1.14	29.7
C 组	49.0	27	46×51	36	1.30	32.3
D 组	59.7	21	42×41	33	1.33	35

注：H_1 为混凝土下落后前始端的高度；H_2 为混凝土下落后终端的高度。

在表 2.5 中，平均流速系用图 2.2 所示的"L"形流速仪测得，H_1 和 H_2 如图 2.2（a）所示。

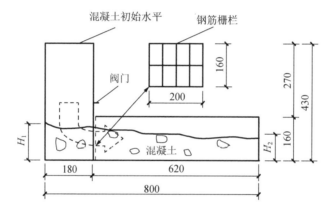

（a）示意图（单位：mm）

（b）实物图

图 2.2   自密实混凝土流速仪

3）碳纤维布

采用单向碳纤维布，其主要性能指标如表 2.6 所示。

由 6 个试件（图 2.3）试验确定的 CFRP 的力学性能指标列于表 2.7，其中 δ_{cf} 和 f_{cf}' 分别为碳纤维布的伸长率和抗拉强度。

表 2.6 碳纤维布的主要技术性能指标

技术性能指标	测量结果
单丝抗拉强度/MPa	≥4900
弹性模量/GPa	≥230
拉断伸长率/%	≥2.10
密度/（g/cm³）	1.8
幅宽/mm	300
单层厚度（t_{cf}）/mm（圆 CFRP-钢管混凝土轴压短柱用）	0.167
单层厚度（t_{cf}）/mm（方 CFRP-钢管混凝土轴压短柱用）	0.111
单位面积质量（w_{cf}）/（g/m²）（t_{cf}=0.167mm）	300
单位面积质量（w_{cf}）/（g/m²）（t_{cf}=0.111mm）	200

图 2.3 CFRP 材性试验

表 2.7 碳纤维布的主要力学性能指标

类型	E_{cf}/GPa	δ_{cf}/με	f'_{cf}/GPa
t_{cf}=0.167mm	228	19 800	4.5
t_{cf}=0.111mm	226	20 200	4.57

由表 2.7 可见，两种型号碳纤维布的弹性模量和伸长率与厂家给出的指标（表 2.6）相比偏低，但差别不大。

4）黏合剂

本书中所有的试件均采用辽宁省建设科学研究院生产的 JGN-C 建筑结构黏合剂作为粘贴碳纤维布的专用浸胶，其性能见表 2.8。

表 2.8 JGN-C 建筑结构黏合剂的主要技术性能指标

技术性能指标	测量结果
金属/金属拉伸剪切强度/MPa	>20.0
金属/金属黏结拉伸强度/MPa	≥30.0
金属/混凝土黏结拉伸强度/MPa	≥2.5 且混凝土破坏
胶体压缩强度/MPa	≥70.0
胶体弯曲强度/MPa	≥40.0
胶体拉伸强度/MPa	≥30.0
拉伸弹性模量/MPa	≥15 000
伸长率/%	≥1.5
混合黏度（20℃时）/cP①（不流挂）	<5000

① 1P=10⁻¹Pa·s。

续表

技术性能指标	测量结果
涂布量/（kg/m²）	0.6~1.0
适用期（20℃时）/min	≥60.0
硬化时间（20℃时）/h	3.0
混合比（甲：乙）	3：1
施工使用温度	5~35℃
储藏期	5~35℃，6个月

采用与 JGN-C 配套的 JGN-P 建筑结构黏合剂作为底胶，其性能见表 2.9。

表 2.9 JGN-P 建筑结构黏合剂的主要技术性能指标

技术性能指标	测量结果
金属/混凝土正拉黏结强度/MPa	≥2.5 且混凝土破坏
初始黏度/（MPa·m）	≤100
涂布量/（kg/m²）	4~5
20℃时可使用时间/min	20~40
20℃时指干时间/h	2
配合比（甲：乙）	3：1
储藏期	5~35℃，6个月
硬化时间（20℃时）/h	3.0

2.1.2 加载与测量

1）加载

本书中的所有试验均在沈阳建筑大学的结构工程实验室完成。轴压短柱的试验在 5000kN 压力机上进行，图 2.4 为方轴压短柱的加载全貌。为了确保试件能够均匀受压，进行弹性范围内的预载[36]。试验采用分级加载制，在弹性范围内每级加载为估算承载力的 1/10，于每级加载后记录仪表读数，持载 2~3min 后再进行下一级加载。当载荷达到大约 60%的估算承载力后，每级加载减为估算承载力的 1/15~1/20。临近估算承载力则级差更小，最后缓慢连续加载，直至试件变形很大，停止试验。估算承载力的方法如下：按照等强度原则，将 CFRP 当量化为钢管，再根据钢管混凝土轴压短柱的相关计算式[36]计算。

2）测量

用两个位移计测量试件的纵向压缩量（Δ'）。如图 2.5 所示，在每个试件的中截面的钢管上共粘贴 8 枚应变片，其中包括 4 枚纵向应变片和 4 枚横向应变片（点 1~4），分别用以测量钢管的纵向应变（ε_{sl}）和横向应变（ε_{st}）；在中截面 CFRP 的 1~4 点上粘贴 4 枚应变片用以测量横向 CFRP 的应变（ε_{cft}）。

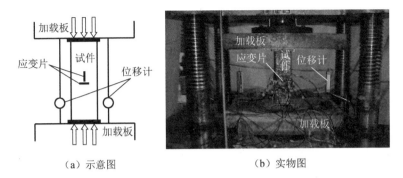

（a）示意图　　　　　　　　（b）实物图

图 2.4　方轴压短柱的加载全貌

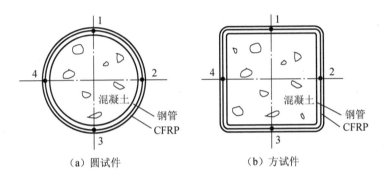

（a）圆试件　　　　　　　　（b）方试件

图 2.5　CFRP-钢管混凝土轴压短柱的应变片的布置

采用 U-CAM-70A/IMP 数据采集板采集数据，同时记录和绘制轴力-钢管纵向应变（$N\text{-}\varepsilon_{\text{sl}}$）曲线。

2.1.3　试验现象

1. 圆轴压短柱

在加载初期，轴压力（N）一般与纵向应变近似成正比，试件外观无明显变化。当荷载达到峰值荷载（$N_{\max}$）的大约 50%时，粘胶层开始零星剥落；当荷载达到 $N_{\max}$ 的大约 70%时，更多的黏胶层开始剥落，同时有零星的碳纤维丝开始断裂；当荷载达到 $N_{\max}$ 的大约 80%时，钢管较薄的试件出现局部屈曲。伴随着中截面横向 CFRP 的大量断裂，产生连续的"啪啪"声，荷载达到 $N_{\max}$，试件突然破坏。粘贴于试件中截面 CFRP 上的 4 枚应变片此时所测得的应变的平均值为 $\varepsilon'_{\text{cftr}}$，该值列于表 2.1；所有试件的 $\varepsilon'_{\text{cftr}}$ 的平均值定义为横向 CFRP 的断裂应变（$\varepsilon_{\text{cftr}}$），$\varepsilon_{\text{cftr}}=5500\mu\varepsilon$。加载后的若干圆 CFRP-钢管混凝土轴压短柱如图 2.6 所示。

CFRP 断裂后，试件表现出一定的脆性破坏特征，且横向 CFRP 层数越多，破坏得越突然，但是由于钢管的存在，其延性要好于圆 CFRP 管混凝土轴压短柱。

（a）CSCB1 试件   （b）CSCC1 试件   （c）CSCD1 试件   （d）CSCE1 试件

（e）CSCB2 试件   （f）CSCC2 试件   （g）CSCD2 试件   （h）CSCE2 试件

图 2.6   加载后的若干圆 CFRP-钢管混凝土轴压短柱

2. 方轴压短柱

在加载初期，轴压力一般与纵向应变近似成正比，试件外观无明显变化。随着荷载的增大，可以偶尔听到粘胶层开裂的声音；随着荷载的继续增大，试件中截面及其附近区域开始出现局部外凸。当荷载达到 N_{max} 的大约 90%时，试件产生明显变形，CFRP 从弯角处开始少量渐次断裂。粘贴于试件中截面 CFRP 上的 4 枚应变片此时所测得的应变的平均值为 ε'_{cftr}，该值列于表 2.2；所有试件的 ε'_{cftr} 的平均值定义为横向 CFRP 的断裂应变（ε_{cftr}），ε_{cftr}=3000$\mu\varepsilon$。之后，试件中截面呈现腰鼓状膨胀并伴有较大的爆裂声，强度下降较快，属强度破坏。随着试件变形的持续增长，破坏过程仍在继续，CFRP 开始大量断裂：由柱中截面向两端近似均匀发展。对于相同参数的方钢管混凝土试件，钢管的局部外凸出现相对较早（大约在 N_{max} 的 70%），且在加载后期其变形速度相对方 CFRP-钢管混凝土试件的快。

对于圆 CFRP-钢管混凝土轴压短柱，荷载达到 N_{max} 的标志是 CFRP 的大量断裂，而对于方 CFRP-钢管混凝土轴压短柱，在荷载达到 N_{max} 时 CFRP 仅少量断裂，经历了较大变形后 CFRP 才大量断裂；圆 CFRP-钢管混凝土轴压短柱的 CFRP 的断裂沿圆周随机发生，而方 CFRP-钢管混凝土轴压短柱的 CFRP 的断裂主要集中于弯角处，说明 CFRP 对方钢管混凝土轴压短柱的横向约束不均匀。

方 CFRP-钢管混凝土轴压短柱的 ε_{cftr}=3000με，而圆 CFRP-钢管混凝土轴压短柱的 ε_{cftr}=5500με，且这两个断裂应变值与表 2.7 所列的（大约 20 000με）不同，这一差异也许是由于 CFRP 所处位置的曲率不同[94]所造成的。ε_{cftr} 用于下述的有限元模拟和承载力计算。

加载后的全部方轴压短柱如图 2.7 所示。

（a）A 组试件

（b）B 组试件

（c）C 组试件

（d）D 组试件

图 2.7 加载后的全部方轴压短柱

将加载完的方 CFRP-钢管混凝土轴压短柱的外部 CFRP-钢管剖开后可见，中截面及其附近的混凝土被压溃，但由于方 CFRP-钢管对混凝土提供了很好的约束，混凝土的外凸与钢管的外凸一致（图 2.8），混凝土表现出良好的塑性填充性能。

（a）SSCB0 试件

（b）SSCB3 试件

图 2.8 方 CFRP-钢管混凝土轴压短柱的混凝土的破坏

2.1.4 试验结果与初步分析

1. 荷载/应力-应变曲线

1）圆轴压短柱

图 2.9 为圆轴压短柱的名义压应力-钢管纵向应变（ε_{sl}）曲线。钢管混凝土轴压短柱的名义压应力 $\sigma_{sc}=N/A_{sc}$（其中，A_{sc} 为钢管混凝土的横截面积），CFRP-钢管混凝土轴压短柱的名义压应力 $\sigma_{cfsc}=N/A_{cfsc}$，（其中，A_{cfsc} 为 CFRP-钢管混凝土的横截面积）。应变片失效后用纵向压缩量（Δ'）换算成钢管的纵向应变 ε_{sl}。

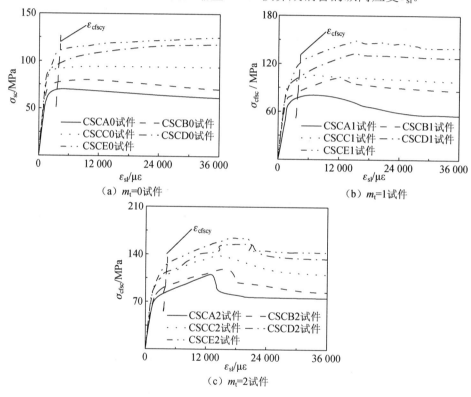

图 2.9　圆轴压短柱的名义压应力-ε_{sl} 曲线

由图 2.9 可见，对于圆 CFRP-钢管混凝土轴压短柱，在加载初期，曲线呈线性发展，处于弹性阶段；当 σ_{cfsc} 达到峰值的 60%～70% 时，ε_{sl} 开始明显增加，从弹性阶段的终点到峰值 σ_{cfsc} 该曲线有一个上升段，这与圆钢管混凝土轴压短柱的曲线截然不同；峰值 σ_{cfsc} 之后，由于 CFRP 的断裂，应力陡降，这也与圆钢管混凝土轴压短柱的曲线不同；加载后期圆 CFRP-钢管混凝土轴压短柱的曲线基本归于相应的圆钢管混凝土轴压短柱的曲线；随着 CFRP 层数的增加，峰值 σ_{cfsc} 及其对应的 ε_{sl} 也增大。

2）方轴压短柱

图 2.10 为方轴压短柱的 N-ε_{sl} 曲线。可见，在加载初期，曲线呈线性发展，属

于弹性阶段；荷载达到 N_{max} 的大约 80%时，曲线进入弹塑性阶段，ε_{sl} 的增长速率高于 N；荷载达到 N_{max} 后，曲线出现下降段，初期 N 下降迅速，ε_{sl} 增加不明显，后期 N 下降缓慢，ε_{sl} 增加明显，钢管的塑性发展趋势显著。

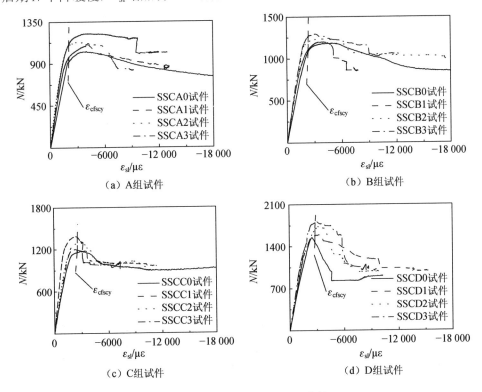

图 2.10 方轴压短柱的 N-ε_{sl} 曲线

2. 钢管与 CFRP 的协同工作

图 2.11 和图 2.12 分别为圆 CFRP-钢管混凝土轴压短柱和方 CFRP-钢管混凝土轴压短柱的轴力（N）-横向应变（ε_t）曲线。可见，在整个受力全过程中，ε_{st} 和 ε_{cft} 基本一致，这表明钢管与 CFRP 可以很好地协同工作。

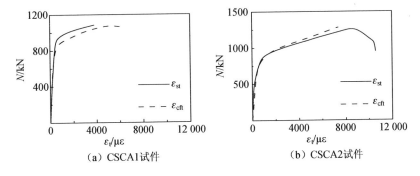

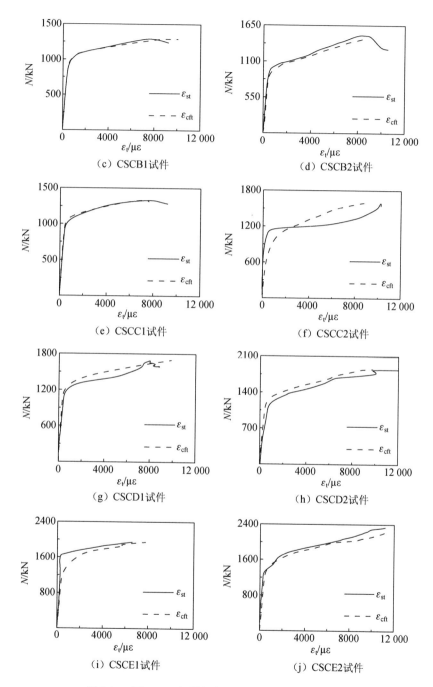

（c）CSCB1试件　　　　　　　　（d）CSCB2试件

（e）CSCC1试件　　　　　　　　（f）CSCC2试件

（g）CSCD1试件　　　　　　　　（h）CSCD2试件

（i）CSCE1试件　　　　　　　　（j）CSCE2试件

图 2.11　圆 CFRP-钢管混凝土轴压短柱的 N-ε_t 曲线

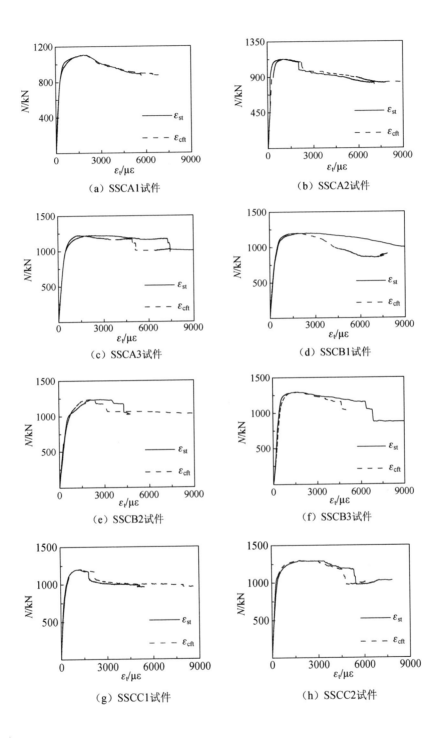

（a）SSCA1试件

（b）SSCA2试件

（c）SSCA3试件

（d）SSCB1试件

（e）SSCB2试件

（f）SSCB3试件

（g）SSCC1试件

（h）SSCC2试件

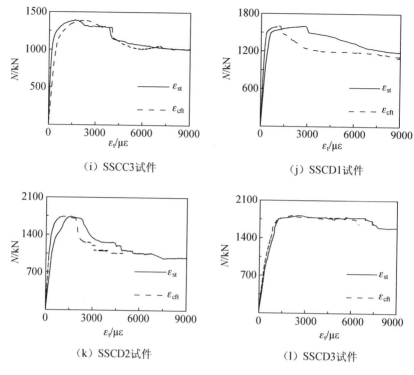

（i）SSCC3试件　　　　　　　　（j）SSCD1试件

（k）SSCD2试件　　　　　　　　（l）SSCD3试件

图 2.12　方 CFRP-钢管混凝土轴压短柱的 N-ε_t 曲线

3. 钢管的纵向应变与横向应变的对比

图 2.13 和图 2.14 分别为圆轴压短柱和方轴压短柱的 N-ε_s（钢管应变）曲线。可见，同一点的 ε_{sl} 和 ε_{st} 异号，且始终为纵向受压、横向受拉。还可见，在加载后期横向应变显著增大，这说明此时钢管很好地为混凝土提供了横向约束力。

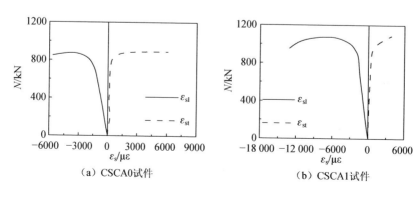

（a）CSCA0试件　　　　　　　　（b）CSCA1试件

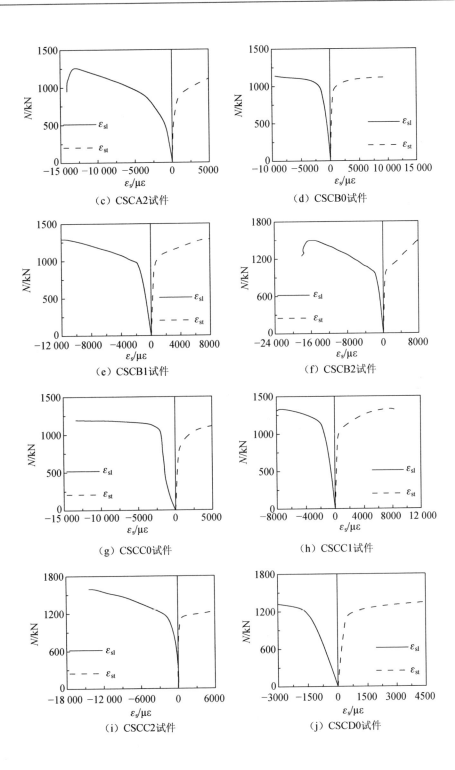

（c）CSCA2试件

（d）CSCB0试件

（e）CSCB1试件

（f）CSCB2试件

（g）CSCC0试件

（h）CSCC1试件

（i）CSCC2试件

（j）CSCD0试件

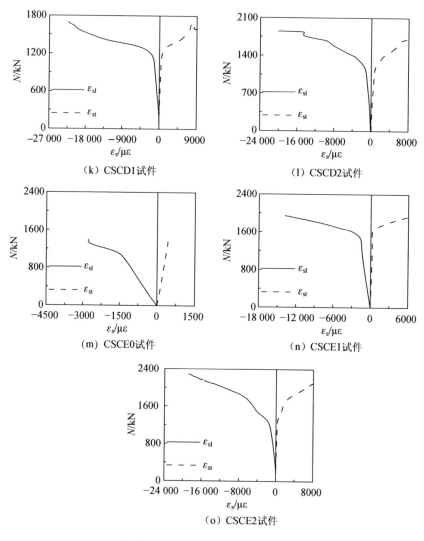

（k）CSCD1试件　　　　　　　（l）CSCD2试件

（m）CSCE0试件　　　　　　　（n）CSCE1试件

（o）CSCE2试件

图 2.13　圆轴压短柱的 N-ε_s 曲线

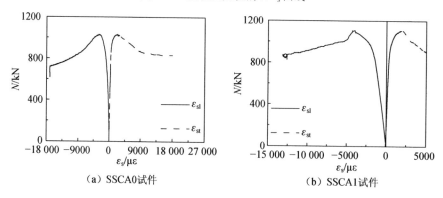

（a）SSCA0试件　　　　　　　（b）SSCA1试件

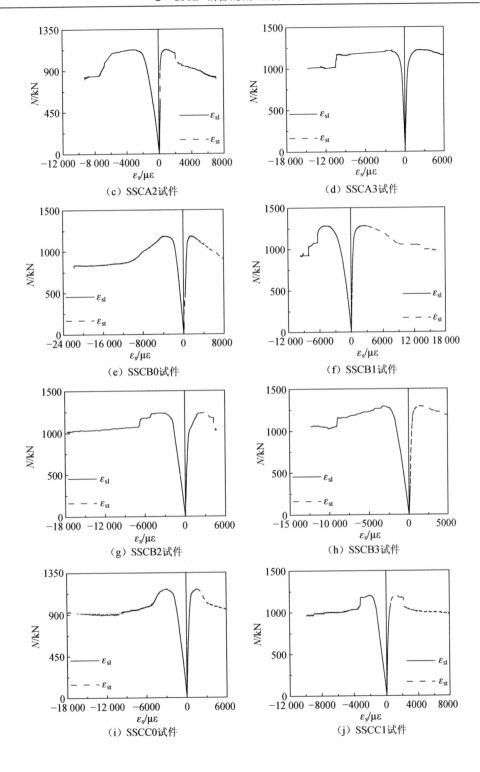

（c）SSCA2试件

（d）SSCA3试件

（e）SSCB0试件

（f）SSCB1试件

（g）SSCB2试件

（h）SSCB3试件

（i）SSCC0试件

（j）SSCC1试件

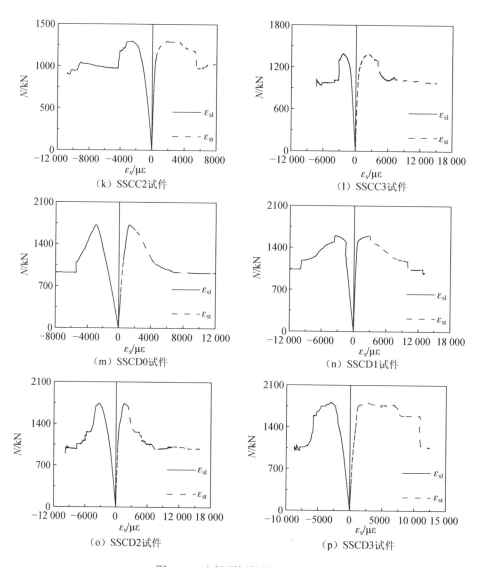

图 2.14   方轴压短柱的 N-ε_s 曲线

图 2.15 和图 2.16 分别为圆轴压短柱和方轴压短柱的 N/N_{max}-($-\varepsilon_{st}/\varepsilon_{sl}$) 曲线。可见，在大约 $0.7N/N_{max}$（圆试件）或 $0.9N/N_{max}$（方试件）之前，$-\varepsilon_{st}/\varepsilon_{sl}$ 的值与钢材的泊松比 ν_s=0.28 接近，说明此时钢管与混凝土的相互作用很弱；此后，$-\varepsilon_{st}/\varepsilon_{sl}$ 的值显著增大，说明钢管为混凝土提供了横向约束。

4. 延性

为了确定 CFRP 对截面延性的影响，定义延性系数 DI 为

$$DI=\varepsilon_{85\%}/\varepsilon_y \tag{2.1}$$

$$\varepsilon_y=\varepsilon_{75\%}/0.75 \tag{2.2}$$

式中：$\varepsilon_{85\%}$ 为荷载下降到 N_{max} 的 85%时的纵向应变；$\varepsilon_{75\%}$ 为荷载上升到 N_{max} 的 75% 时的纵向应变。

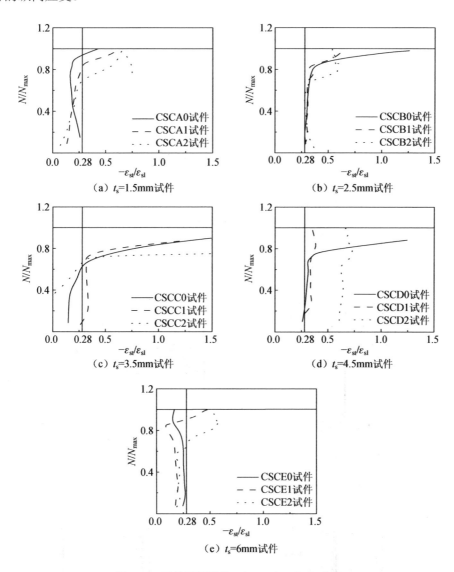

图 2.15　圆轴压短柱的 N/N_{max}-$(-\varepsilon_{st}/\varepsilon_{sl})$ 曲线

　　圆轴压短柱的 DI 列于表 2.1 并如图 2.17 所示。可见，随着 CFRP 层数的增加，试件的延性降低，这是由于 CFRP 的突然断裂所致，且 CFRP 层数越多，则破坏越突然。方轴压短柱的 DI 列于表 2.2 并如图 2.18 所示。可见，总体而言，随着混凝土强度等级的提高，试件的延性降低，但是 m_t 的影响效果无规律可言，这与圆试件的结论不同。分析原因如下：圆 CFRP-钢管混凝土轴压短柱达到峰值荷载的标志是 CFRP 的大量断裂，而对于方 CFRP-钢管混凝土轴压短柱，在达到峰值荷载时只有少量 CFRP 断裂，经历了较大的变形后 CFRP 才大量断裂。

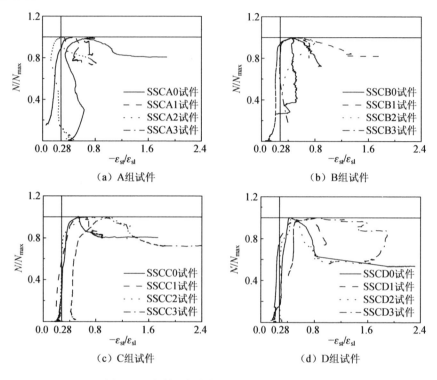

图 2.16　方轴压短柱的 N/N_{max}-($-\varepsilon_{st}/\varepsilon_{sl}$) 曲线

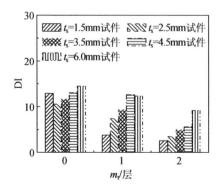

图 2.17　圆轴压短柱的延性

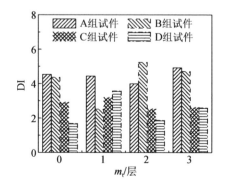

图 2.18　方轴压短柱的延性

2.2 有限元模拟

2.2.1 材料的应力-应变关系

1. 钢材

1）圆钢管

圆钢管采用图 2.19 所示的 5 线段（线弹性阶段 Oa、弹塑性阶段 ab、屈服阶段 bc、强化阶段 cd 和软化阶段 de）的应力-应变关系[95, 96]，其中 f_p 为钢材的比例极限，$f_p = 0.8 f_y$；$\varepsilon_e = 0.8 f_y / E_s$，$\varepsilon_{e1} = 1.5 \varepsilon_e$，$\varepsilon_{e2} = 10\varepsilon_{e1}$，$\varepsilon_{e3} = 100\varepsilon_{e1}$。

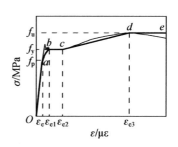

图 2.19 圆钢管的应力-应变关系

该应力-应变（σ-ε）关系的表达式为

$$\sigma = \begin{cases} E_s \varepsilon & (\varepsilon \leqslant \varepsilon_e) \\ -A\varepsilon^2 + B\varepsilon + C & (\varepsilon_e < \varepsilon \leqslant \varepsilon_{e1}) \\ f_y & (\varepsilon_{e1} < \varepsilon \leqslant \varepsilon_{e2}) \\ \left(1 + 0.6 \dfrac{\varepsilon - \varepsilon_{e2}}{\varepsilon_{e3} - \varepsilon_{e2}}\right) f_y & (\varepsilon_{e2} < \varepsilon \leqslant \varepsilon_{e3}) \\ 1.6 f_y & (\varepsilon > \varepsilon_{e3}) \end{cases} \tag{2.3}$$

其中

$$A = \frac{0.2 f_y}{\left(\varepsilon_{e1} - \varepsilon_e\right)^2}, \quad B = 2A\varepsilon_{e1}, \quad C = 0.8 f_y + A\varepsilon_e^2 - B\varepsilon_e$$

2）方钢管

方钢管采用图 2.20 所示的 4 线段的应力-应变关系[97]，其中平板区域（图 2.21）钢材的应力-应变关系数学表达式如下，即

$$\sigma = \begin{cases} E_s \varepsilon & (\varepsilon \leqslant \varepsilon_e) \\ f_p + E_{s1}\left(\varepsilon - \varepsilon_e\right) & (\varepsilon_e < \varepsilon \leqslant \varepsilon_{e1}) \\ f_{ym} + E_{s2}\left(\varepsilon - \varepsilon_{e1}\right) & (\varepsilon_{e1} < \varepsilon \leqslant \varepsilon_{e2}) \\ f_y + E_{s3}\left(\varepsilon - \varepsilon_{e2}\right) & (\varepsilon_{e2} < \varepsilon) \end{cases} \tag{2.4}$$

其中

$$f_p = 0.75 f_y, \quad f_{ym} = 0.875 f_y$$

$$\varepsilon_e = \frac{0.75 f_y}{E_s}, \quad \varepsilon_{e1} = \varepsilon_e + \frac{0.125 f_y}{E_{s1}}, \quad \varepsilon_{e2} = \varepsilon_{e1} + \frac{0.125 f_y}{E_{s2}}$$

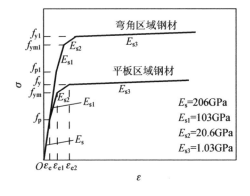

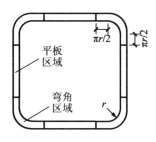

图 2.20　方钢管的应力-应变关系　　　图 2.21　方钢管截面划分

试验结果表明，钢材平板区域强度基本相同，为钢材的屈服强度。对于弯角区域（图 2.21），由于冷弯型钢在弯角部位发生塑性变形，弯角外部受拉、内部受压，对构件的抗拉和抗压效果影响相同，且影响效果与内倒角半径（r）与钢管壁厚（t_s）之比 r/t_s 有关，弯角处钢材屈服强度采用式（2.5）计算[98]为

$$f_{y1} = \left[\frac{B_c}{\left(\dfrac{r}{t_s} \right)^m} \right] f_y \qquad (2.5)$$

其中

$$B_c = 3.69 \left(\frac{f_u}{f_y} \right) - 0.819 \left(\frac{f_u}{f_y} \right)^2 - 1.79 \qquad (2.6)$$

$$m = 0.192 \left(\frac{f_u}{f_y} \right) - 0.068 \qquad (2.7)$$

式中：B_c 和 m 都是与 f_u/f_y 有关的系数。

弯角区域钢材的应力-应变关系也采用式（2.4），将 f_y、f_p 和 f_{ym} 分别替换为 f_{y1}、f_{p1} 和 f_{ym1} 即可。

2. 受压混凝土

1）圆 CFRP-钢管约束的混凝土

在轴力作用下的受圆钢管约束的混凝土和受圆 CFRP-钢管约束的混凝土都受到来自外管的横向约束，它们的应力-应变关系模型比较接近，但是由于横向 CFRP 的存在使得构件在弹性阶段的模量得到增强，在进入弹塑性阶段后，虽然钢管也进入了塑性阶段，但外层的 CFRP 还在弹性阶段，仍然对钢管有横向约束作用，因此构件的弹塑性阶段比钢管混凝土的有所延长，根据适用于 ABAQUS 的受圆钢管约束的混凝土的应力-应变关系[36]，以 2.1 节的试验研究为基础，提出适用于 ABAQUS 的圆 CFRP-钢管约束的混凝土的应力-应变关系[99]为

$$\frac{\sigma_{cl}}{\sigma_0} = \begin{cases} 2\left(\dfrac{\varepsilon_{cl}}{\varepsilon_0}\right) - \left(\dfrac{\varepsilon_{cl}}{\varepsilon_0}\right)^2 & (\varepsilon_{cl} \leqslant \varepsilon_0) \\[2mm] \left[1 - q + q\left(\dfrac{\varepsilon_{cl}}{\varepsilon_0}\right)^{0.1\xi}\right]\left(\dfrac{\varepsilon_{cl}}{\varepsilon_0}\right)^C & (\xi_s \geqslant 1.12) \\[2mm] \dfrac{\left(\dfrac{\varepsilon_{cl}}{\varepsilon_0}\right)^{1+D}}{\beta\left(\dfrac{\varepsilon_{cl}}{\varepsilon_0} - 1\right)^2 + \dfrac{\varepsilon_{cl}}{\varepsilon_0}} & \begin{array}{l}(\varepsilon_0 < \varepsilon_{cl} \leqslant \varepsilon_u) \\ (\xi_s < 1.12)\end{array} \\[2mm] \dfrac{\dfrac{\varepsilon_{cl}}{\varepsilon_0}}{\beta_s\left(\dfrac{\varepsilon_{cl}}{\varepsilon_0} - 1\right)^2 + \dfrac{\varepsilon_{cl}}{\varepsilon_0}} & (\varepsilon_{cl} > \varepsilon_u) \end{cases} \quad (2.8)$$

其中

$$\sigma_0 = f_c' \text{ (MPa)} \tag{2.9}$$

$$\varepsilon_0 = \varepsilon_{cc} + (600 + 32.4\,f_c')\xi^{0.2} \times 10^{-6} \tag{2.10}$$

$$\varepsilon_{cc} = (1300 + 12.09\,f_c') \times 10^{-6} \tag{2.11}$$

$$q = \xi^{0.745}/(2+\xi) \tag{2.12}$$

$$C = \xi'(2.231 - 4.611\xi') \tag{2.13}$$

$$D = \xi'(1.545 - 1.238\xi') \tag{2.14}$$

$$\beta = 3.28\left(2.36 \times 10^{-5}\right)^{0.25+(\xi-0.5)^7} f_c'^2 \times 10^{-4} \tag{2.15}$$

$$\beta_s = 0.5\left(2.36 \times 10^{-5}\right)^{0.25+(\xi_s-0.5)^7} f_c'^2 \times 10^{-4} \tag{2.16}$$

$$\varepsilon_u = \varepsilon_0 + 51\,659\xi_{cf} - 38\,904\xi_{cf}^2 \tag{2.17}$$

式中：σ_{cl} 为混凝土的纵向应力；σ_0 为混凝土的极限压应力；ε_{cl} 为混凝土的纵向应变；ε_0 为混凝土的极限压应变；q 是与 ξ 有关的一个变量；β 是横向 CFRP 断裂前与 ξ 有关的一个变量；β_s 是与 ξ_s 有关的变量；ε_u 为荷载达到 N_{max} 时试件的纵向应变；f_c' 为混凝土的圆柱体抗压强度，f_c' 与 f_{cu} 的关系[100]，如图 2.22 所示。

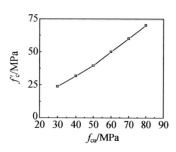

图 2.22　f'_c-f_{cu} 曲线

2）方 CFRP-钢管约束的混凝土

根据适用于 ABAQUS 的受方钢管约束的混凝土的应力-应变关系[36]，以 2.1 节的试验研究为基础，提出适用于 ABAQUS 的方 CFRP-钢管约束的混凝土的应力-应变关系[101]，即

$$\frac{\sigma_{cl}}{\sigma_0}=\begin{cases}\dfrac{\varepsilon_{cl}}{\varepsilon_0}\left(2-\dfrac{\varepsilon_{cl}}{\varepsilon_0}\right) & \left(\dfrac{\varepsilon_{cl}}{\varepsilon_0}\leqslant 1\right)\\[4mm]\dfrac{\left(\dfrac{\varepsilon_{cl}}{\varepsilon_0}\right)^{1+D}}{\beta\left(\dfrac{\varepsilon_{cl}}{\varepsilon_0}-1\right)^{1.6+1.5\left/\left(\dfrac{\varepsilon_{cl}}{\varepsilon_0}\right)\right.}+\dfrac{\varepsilon_{cl}}{\varepsilon_0}} & \left(1<\dfrac{\varepsilon_{cl}}{\varepsilon_0}\leqslant\dfrac{\varepsilon_u}{\varepsilon_0}\right)\\[6mm]\dfrac{\dfrac{\varepsilon_{cl}}{\varepsilon_0}}{\beta_s\left(\dfrac{\varepsilon_{cl}}{\varepsilon_0}-1\right)^{1.6+1.5\left/\left(\dfrac{\varepsilon_{cl}}{\varepsilon_0}\right)\right.}+\dfrac{\varepsilon_{cl}}{\varepsilon_0}} & \left(\dfrac{\varepsilon_{cl}}{\varepsilon_0}>\dfrac{\varepsilon_u}{\varepsilon_0}\right)\end{cases}\quad(2.18)$$

其中

$$\sigma_0=1.12 f'_c \tag{2.19}$$

$$\varepsilon_0=\varepsilon_{cc}+(1382-159\xi)\xi^{0.2}\times10^{-6} \tag{2.20}$$

$$\varepsilon_{cc}=(1300+12.5 f'_c)\times10^{-6} \tag{2.21}$$

$$D=\xi'(1.545-1.238\xi') \tag{2.22}$$

$$\beta= f'^{0.1}_c/[1.35(1+\xi)^{0.5}] \tag{2.23}$$

$$\beta_s= f'^{0.1}_c/[1.2(1+\xi_s)^{0.5}] \tag{2.24}$$

$$\varepsilon_u=\varepsilon_0+(3535\xi_{cf}+58\,951\,\xi^2_{cf})\times10^{-6} \tag{2.25}$$

式中：ε_u 为横向 CFRP 断裂时对应的试件的纵向应变。

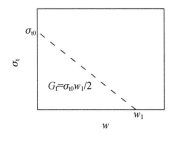

图 2.23 混凝土受拉软化模型

3. 受拉混凝土

采用混凝土破坏能量准则[102, 103]来模拟受拉混凝土。图 2.23 为混凝土受拉软化模型，其中 w 为混凝土的裂缝宽度，σ_t 为混凝土的拉应力，三角形面积 G_f 为混凝土断裂能，w_1 为混凝土的最大裂缝宽度，σ_{t0} 为混凝土的极限拉应力。

$$G_f=40+4(f'_c-20)\ (\text{N/m}) \tag{2.26}$$

$$\sigma_{t0}=0.26(1.5 f'_c)^{2/3} \tag{2.27}$$

4. CFRP

假定 CFRP 只承受纤维方向的拉应力，其他方向的应力值设为 1/1000MPa，在断裂前满足胡克定律，即

$$\sigma_{\mathrm{cft}}=E_{\mathrm{cf}}\varepsilon_{\mathrm{cft}} \tag{2.28}$$

式中：σ_{cft} 为横向 CFRP 的应力，最大的 σ_{cft} 即为 f_{cft}。

2.2.2　有限元计算模型

1. 单元选取

圆钢管采用全积分壳单元 S4 模拟，为了满足计算精度，在径向采用 9 积分点的 Simpson 积分，方钢管采用缩减积分 3-D 实体单元 C3D8R 模拟；采用 C3D8R 模拟混凝土；4 节点的膜单元 M3D4 用于模拟 CFRP，该膜单元只有面内刚度。

2. 网格划分

采用细化网格方法进行网格收敛性分析。首先执行一个较合理的网格划分的初始分析，然后再利用两倍的网格方案重新分析并比较两者的结果。如果两者结果的差别较小（如计算结果的差别小于 1%），则可以认为网格密度是足够的，否则应继续细化网格直至划分得到近似相等的计算结果。在方钢管的分析中，须考虑弯角效应的影响，将此处网格划分得较平板处细，大约采用两倍的网格密度。图 2.24 和图 2.25 分别为圆 CFRP-钢管混凝土轴压短柱和方 CFRP-钢管混凝土轴压短柱有限元模型的网格划分。

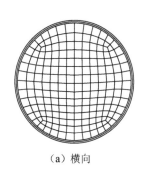  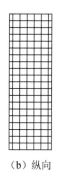

| （a）横向 | （b）纵向 | | （a）横向 | （b）纵向 |

图 2.24　圆 CFRP-钢管混凝土轴压短柱的　　　图 2.25　方 CFRP-钢管混凝土轴压短柱的
　　　　　网格划分　　　　　　　　　　　　　　　　网格划分

3. 界面模型

垂直于钢管与混凝土的接触面的外管对混凝土的约束力（p）可以在两个面之间完全传递（硬接触），钢管与混凝土的接触面之间可以传递剪力（Columb 模型）[104-107]；将 CFRP 与钢管绑定在一起，假定在钢管与混凝土之间无滑移，两者接触面上单元的节点具有相同的自由度，当横向 CFRP 达到它的抗拉强度断裂后失去对钢管的约束作用；认为钢管和端板为一个整体，在接触面上具有相同的自由度；假定端板与混凝土之间的接触面的切向无滑移，法线方向为硬接触[108]。

4. 边界条件

CFRP-钢管混凝土轴压短柱的有限元模拟的边界条件与试验相同,加载端约束在空间的转动和在水平面的移动,即只释放试件在压缩方向的自由度,在另一端约束所有自由度。与横截面垂直的方向为加载压缩方向,并采用位移加载。为了避免端板的变形影响计算精度,设其弹性模量为 1×10^{12} MPa,泊松比为 0.0001。

2.2.3 模拟结果与试验结果的比较

1. $N\text{-}\varepsilon$ 曲线

图 2.26 和图 2.27 分别为圆 CFRP-钢管混凝土轴压短柱和方轴压短柱的 $N\text{-}\varepsilon$ 曲线模拟结果与试验结果的比较。可见,模拟结果与试验结果吻合良好。

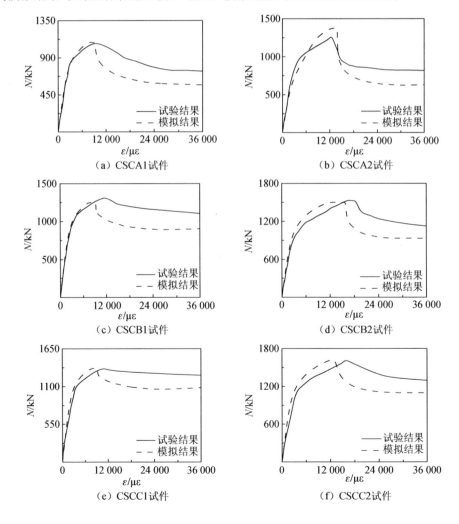

（a）CSCA1试件

（b）CSCA2试件

（c）CSCB1试件

（d）CSCB2试件

（e）CSCC1试件

（f）CSCC2试件

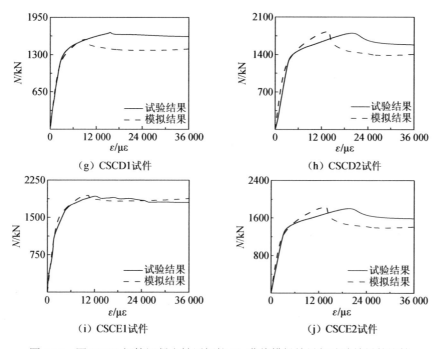

图 2.26　圆 CFRP-钢管混凝土轴压短柱 N-ε 曲线模拟结果与试验结果的比较

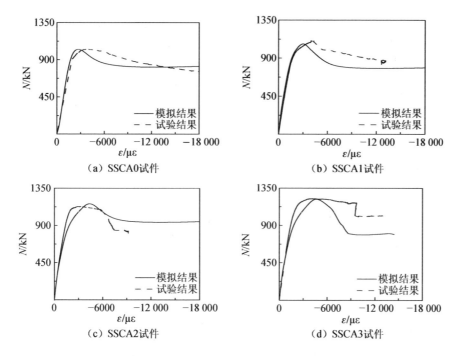

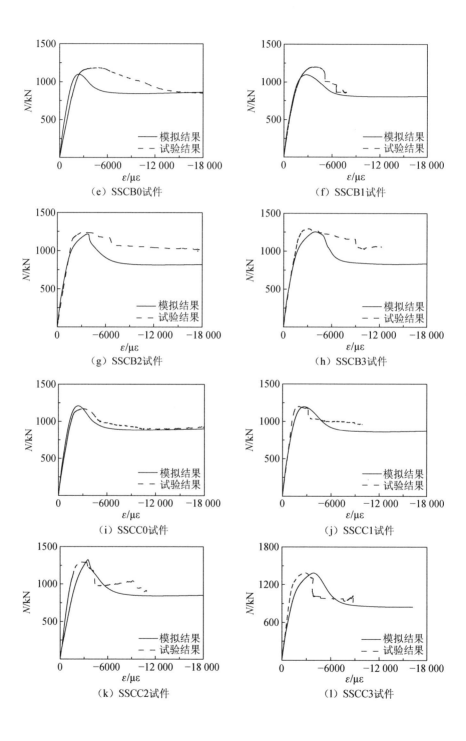

（e）SSCB0试件　　　　　　　　　（f）SSCB1试件

（g）SSCB2试件　　　　　　　　　（h）SSCB3试件

（i）SSCC0试件　　　　　　　　　（j）SSCC1试件

（k）SSCC2试件　　　　　　　　　（l）SSCC3试件

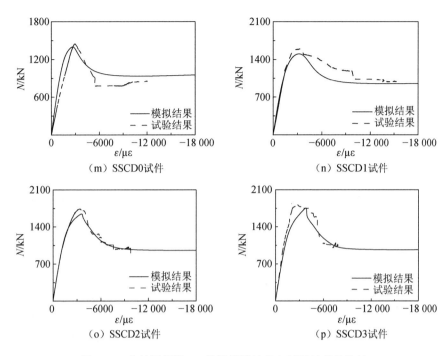

图 2.27 方轴压短柱 N-ε曲线模拟结果与试验结果的比较

2. 变形模态

1）圆轴压短柱

图 2.28（a）～（c）分别为圆 CFRP-钢管混凝土、圆钢管混凝土和圆钢管轴压短柱的有限元模拟的变形模态。

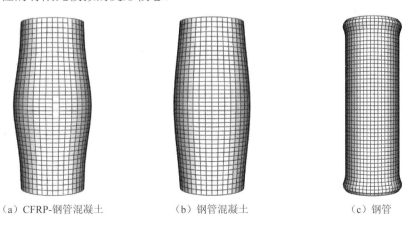

（a）CFRP-钢管混凝土　　　（b）钢管混凝土　　　（c）钢管

图 2.28 圆轴压短柱的有限元模拟的变形模态

　　可见，实心轴压短柱都在中截面附近出现了外凸，但是由于 CFRP 的约束作用，圆 CFRP-钢管混凝土轴压短柱的变形较小，而在圆钢管轴压短柱的两端出现了所谓的"象足失稳"的现象。

　　2）方轴压短柱

　　图 2.29 和图 2.30 分别为方 CFRP-钢管混凝土轴压短柱和方钢管混凝土轴压短柱的变形模态。可见，方 CFRP-钢管混凝土轴压短柱的变形模态表现为中截面的凸曲，而方钢管混凝土轴压短柱的表现为中截面及其附近的多处凸曲。

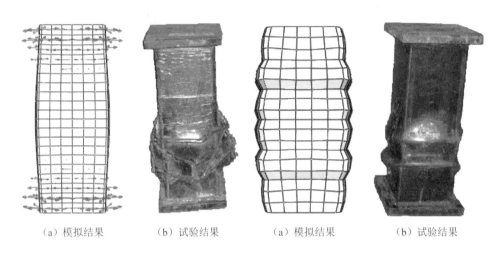

（a）模拟结果　　（b）试验结果　　　　（a）模拟结果　　（b）试验结果

图 2.29　方 CFRP-钢管混凝土轴压短柱的　　图 2.30　方钢管混凝土轴压短柱的变形模态
　　　　　变形模态

2.3　受力全过程分析

　　图 2.31 为圆 CFRP-钢管混凝土轴压短柱典型的 $\sigma\text{-}\varepsilon$ 曲线。对于圆 CFRP-钢管混凝土轴压短柱选取 3 个特征点：1 点对应钢管受压屈服，2 点对应构件达到峰值荷载 N_{max}，3 点对应纵向压应变达到 20 000με；对于方 CFRP-钢管混凝土轴压短柱选取 4 个特征点：1 点对应钢管受压屈服，2 点对应构件达到峰值荷载 N_{max}，3 点对应应变达到峰值荷载对应应变的 2 倍，4 点对应纵向压应变达到 20 000με。通过各特征点处构件的应变和应力状态来分析其在整个受力过程中的工作机理。计算参数：L=1200mm、D_s=400mm、t_s=9.3mm、f_y=345MPa、ξ_{cf}=0.191、ξ_s=0.857、f_{cu}=60MPa、E_c=4700$f'_c{}^{0.5}$（MPa）和混凝土的泊松比 ν_c=0.2（圆构件）；L=420mm、B_s=140mm、t_s=3.5mm、f_y=300MPa、ξ_{cf}=0.17、ξ_s=0.99、f_{ck}=40MPa、E_c=4700$f'_c{}^{0.5}$（MPa）和 ν_c=0.2（方构件）。

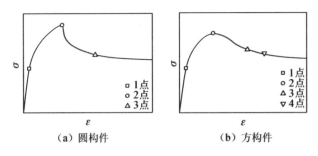

图 2.31　圆 CFRP-钢管混凝土轴压短柱典型的 σ-ε 曲线

2.3.1　应力分析

1. 中截面混凝土的应力分析

1）圆 CFRP-钢管混凝土轴压短柱

圆 CFRP-钢管混凝土轴压短柱中截面混凝土纵向应力（σ_{cl}）的分布如图 2.32 所示。可见，在 1 点时，中截面混凝土的纵向应力大致均匀分布，其值约为 f_c'。在 2 点时，截面中心区域混凝土的纵向应力最大，约为 $2f_c'$，外围混凝土的应力有所降低。在 3 点时，中截面混凝土的应力都降低。但是在受力全过程中，混凝土的应力沿着圆周总是均匀分布的。

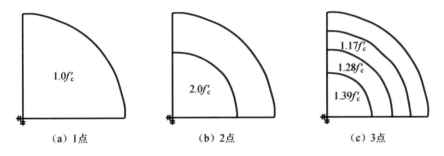

图 2.32　圆 CFRP-钢管混凝土轴压短柱中截面 σ_{cl} 的分布

2）方 CFRP-钢管混凝土轴压短柱

图 2.33 为方 CFRP-钢管混凝土轴压短柱中截面混凝土的纵向应力分布。可见，在 1 点时，中截面混凝土应力值比较均匀，其值约为 f_c'，只在弯角处非常小的范围内压应力大约为 $1.1\,f_c'$；在 2 点时，混凝土的应力值约为 $1.4\,f_c'$，弯角处混凝土的应力值达到最大，约为 $2\,f_c'$；在 3 点时，混凝土中心和角部的纵向应力均开始减小，后者大约为 $1.7\,f_c'$；在 4 点时，中心混凝土纵向应力值基本不变。总之，混凝土纵向应力沿周边分布不均匀：弯角处最大，平板中点处最小，这与圆 CFRP-钢管混凝土轴压短柱的相关结论不同。

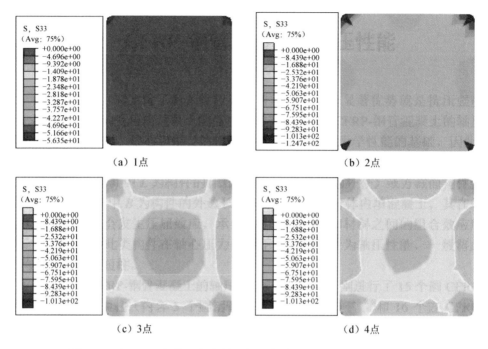

（a）1点　　　　　　　　　（b）2点

（c）3点　　　　　　　　　（d）4点

图 2.33　方 CFRP-钢管混凝土轴压短柱中截面混凝土的纵向应力分布

图 2.34 为方钢管混凝土轴压短柱中截面混凝土的纵向应力分布。比较图 2.33 和图 2.34 可见，方 CFRP-钢管混凝土轴压短柱和方钢管混凝土轴压短柱的中截面混凝土的应力分布规律基本相同，但 CFRP 提高了中截面混凝土应力场处于弹性阶段和强化阶段时的纵向应力值；另外，当构件进入软化阶段时，CFRP 并没有再明显提高中截面混凝土的纵向应力值。与方钢管混凝土轴压短柱相比，CFRP 使中截面混凝土的应力分布梯度增多：由角部应力最大到向中心逐渐减小，再到核心处增大。

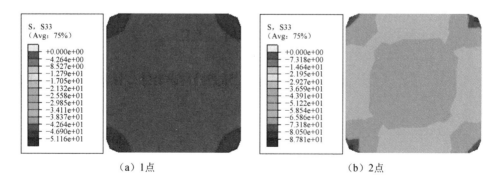

（a）1点　　　　　　　　　（b）2点

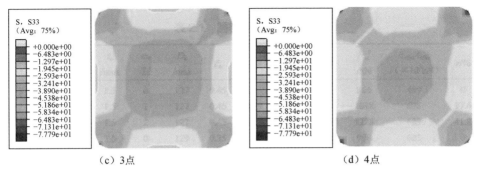

（c）3点　　　　　　　　　　　　　（d）4点

图 2.34　方钢管混凝土轴压短柱中截面混凝土的纵向应力分布

2. 钢管的应力分析

1）圆 CFRP-钢管混凝土轴压短柱

图 2.35（a）和（b）分别为圆钢管混凝土轴压短柱和圆 CFRP-钢管混凝土轴压短柱中截面钢管的应力-应变曲线（应力均取绝对值），其中 σ_s 为钢管的应力，σ_{st} 和 σ_{sl} 分别为钢管的横向应力和纵向应力。可见，在横向 CFRP 断裂前，圆 CFRP-钢管混凝土轴压短柱钢管的应力发展与圆钢管混凝土的很相像，但是在 CFRP 断裂后，圆 CFRP-钢管混凝土轴压短柱钢管的横向应力迅速上升，而纵向应力迅速下降。

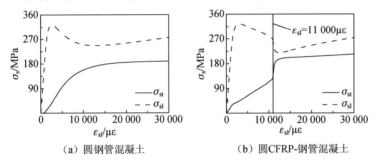

（a）圆钢管混凝土　　　　　　（b）圆CFRP-钢管混凝土

图 2.35　圆轴压短柱中截面钢管的 σ_s-ε_{sl} 曲线

图 2.36 为圆 CFRP-钢管混凝土轴压短柱不同高度处钢管的应力-应变曲线，其中 $\sigma_{st, L/4}$、$\sigma_{st, 3L/8}$ 和 $\sigma_{st, L/2}$ 分别为距离构件端板 $L/4$、$3L/8$ 和 $L/2$ 处钢管的横向应力，$\sigma_{sl, L/4}$、$\sigma_{sl, 3L/8}$ 和 $\sigma_{sl, L/2}$ 分别为距离构件端板 $L/4$、$3L/8$ 和 $L/2$ 处钢管的纵向应力。可见，随着远离构件端板，σ_{st} 逐渐增大而 σ_{sl} 逐渐减小。这是由于荷载从两个端板向中截面传递，中截面的钢管首先屈服然后屈服区域向两端传递。

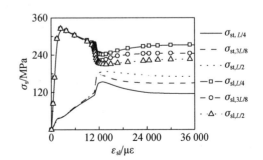

图 2.36　圆 CFRP-钢管混凝土轴压短柱不同高度处钢管的 σ_s-ε_{sl} 曲线

2）方 CFRP-钢管混凝土轴压短柱

图 2.37 为方 CFRP-钢管混凝土轴压短柱中截面平板中点处钢管的应力-应变曲线。可见，在加载初期，钢管的纵向应力增长较快，横向应力很小；随着荷载的增加，钢管和混凝土之间产生相互作用，横向应力开始增长；随着荷载的继续增加，钢管的纵向应力达到峰值后开始下降，横向应力持续缓慢增长。

图 2.38 为方 CFRP-钢管混凝土轴压短柱不同高度平板中点处钢管应力-应变曲线。可见，随着距构件端板距离的增加，钢管的横向应力也增加，这与圆 CFRP-钢管混凝土轴压短柱的结论一致，而纵向应力沿构件的高度基本均匀分布，这与圆 CFRP-钢管混凝土轴压短柱的结论有所不同。

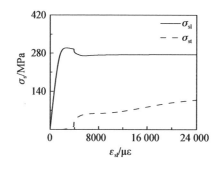

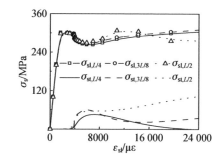

图 2.37　方 CFRP-钢管混凝土轴压短柱中截面平板中点处的 σ_s-ε_{sl} 曲线

图 2.38　方 CFRP-钢管混凝土轴压短柱不同高度平板中点处的 σ_s-ε_{sl} 曲线

3. CFRP 的应力分析

1）圆 CFRP-钢管混凝土轴压短柱

图 2.39 和图 2.40 分别为圆 CFRP-钢管混凝土轴压短柱横向 CFRP 的应力分布和主应力矢量（箭头）分布。可见，在 1 点构件仍处于弹性阶段，此时，横向 CFRP 的应力低于其抗拉强度，横向 CFRP 的主应力在纵向分布均匀；在 2 点，构件中截面的 CFRP 达到自身的抗拉强度而断裂；在 3 点，大部分 CFRP 断裂而退出工作。

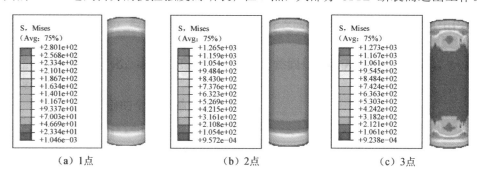

图 2.39　圆 CFRP-钢管混凝土轴压短柱横向 CFRP 的应力分布

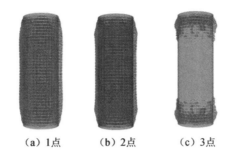

（a）1点　　　（b）2点　　　（c）3点

图 2.40　圆 CFRP-钢管混凝土轴压短柱横向 CFRP 的主应力矢量分布

2）方 CFRP-钢管混凝土轴压短柱

图 2.41 为方 CFRP-钢管混凝土轴压短柱横向 CFRP 的应力分布。可见，在加载初期（1 点之前）横向 CFRP 的应力沿着纵向分布比较均匀；随着荷载的增加，中截面横向 CFRP 的应力明显增大（2 点），构件中截面及其附近区域横向变形略有增加；在破坏阶段（3 点），中截面横向 CFRP 断裂越来越多，构件中截面及其附近区域出现塑性变形；在 4 点，中截面横向 CFRP 的应力变为 0，仅有构件两端的横向 CFRP 仍在工作。

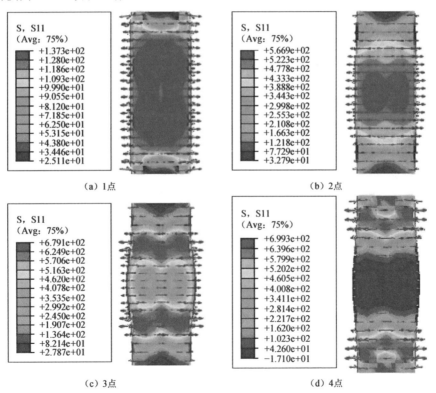

图 2.41　方 CFRP-钢管混凝土轴压短柱横向 CFRP 的应力分布

2.3.2 应变/变形分析

1. 钢管的应变分析

图 2.42 和图 2.43 分别为圆钢管混凝土轴压短柱和圆 CFRP-钢管混凝土轴压短柱钢管的横向应变分布。可见，CFRP 在 1 点还处于弹性阶段，可以为钢管提供约束力，因此圆 CFRP-钢管混凝土轴压短柱的钢管的横向应变略小于圆钢管混凝土轴压短柱的；在 2 点，圆 CFRP-钢管混凝土轴压短柱的钢管的横向应变明显小于圆钢管混凝土轴压短柱的，这说明此时 CFRP 在横向对钢管有显著的约束作用；在 3 点，圆 CFRP-钢管混凝土轴压短柱中截面的 CFRP 已断裂，即钢管不再受其约束作用，因此，两种构件的钢管的横向应变相差不多。

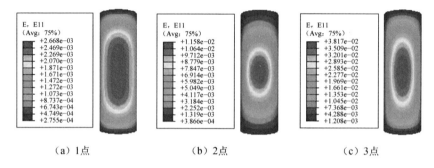

（a）1点　　　　　（b）2点　　　　　（c）3点

图 2.42　圆钢管混凝土轴压短柱钢管的横向应变分布

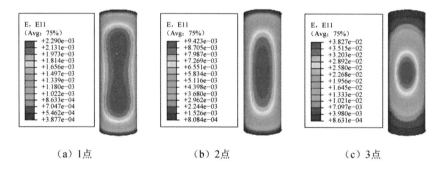

（a）1点　　　　　（b）2点　　　　　（c）3点

图 2.43　圆 CFRP-钢管混凝土轴压短柱钢管的横向应变分布

图 2.44 为有、无 CFRP 约束下方钢管的横向应变分布。可见，CFRP 约束下钢管的横向应变明显小于无 CFRP 约束下的钢管的，说明 CFRP 为钢管混凝土提供了有效的约束作用。

2. 横向变形分析

图 2.45 为方 CFRP-钢管混凝土轴压短柱中截面的横向变形（d），其中$-0.8N_{max}$和$-0.6N_{max}$分别表示荷载下降到 N_{max} 的 4/5 和 3/5。可见，在受荷初期，钢管弯角

处与平板中点处的横向变形差别不大，随着荷载的增加，平板中点处的横向变形不断增大，并很快超过弯角处的横向变形，说明外管对混凝土的约束主要集中在钢管弯角处。图 2.46 为方钢管混凝土轴压短柱中截面的横向变形。比较图 2.45 和图 2.46 可见，在受荷初期至峰值荷载时，方 CFRP-钢管混凝土的横向变形要明显小于方钢管混凝土的，这说明 CFRP 在断裂前能够有效提高构件的刚度，延缓试件的变形。

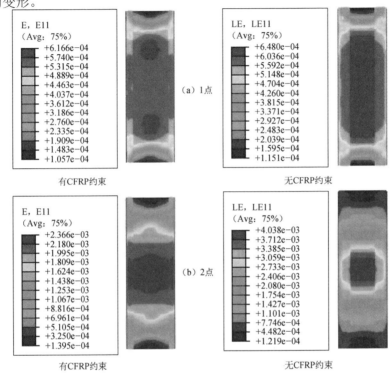

图 2.44　有、无 CFRP 约束下方钢管的横向应变分布

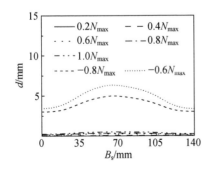

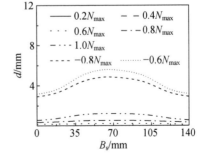

图 2.45　方 CFRP-钢管混凝土轴压短柱中截面的横向变形

图 2.46　方钢管混凝土轴压短柱中截面的横向变形

2.4 理 论 分 析

2.4.1 应力-应变曲线分析

1. 圆轴压短柱

图 2.47 为圆钢管混凝土轴压短柱的应力-应变（σ-ε）曲线。为了视图清晰，将钢管的纵向应力（σ_{sl}）值除以 10，外管对混凝土的约束力（p）值乘以 5。可见，在初始加载阶段（ε<800$\mu\varepsilon$），钢管对混凝土的约束力为负值，原因在于钢管的泊松比大于混凝土的，界面有脱开的趋势，这意味着实际上钢管与混凝土并未接触。随着轴力的不断增大，混凝土的横向变形系数不断增大，并最终超过钢管的泊松比，钢管对混凝土产生了约束力。

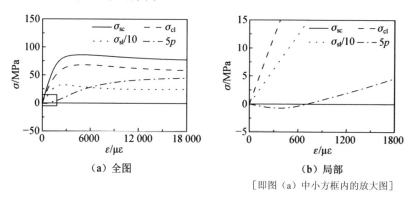

（a）全图   **（b）局部**

［即图（a）中小方框内的放大图］

图 2.47　圆钢管混凝土轴压短柱的σ-ε曲线

图 2.48 为圆 CFRP-钢管混凝土轴压短柱的应力-应变（σ-ε）曲线。可见，外管对混凝土的约束力始终为正值，即由于横向 CFRP 的存在，钢管受到了 CFRP 提供的横向约束力，钢管能够在加载之初就能为混凝土提供横向约束力。在弹塑性阶段，构件达到峰值荷载之前钢管就已屈服，期间 p 稳定增长。当 CFRP 达到抗拉强度并开始断裂时，混凝土的应力先陡然下降再缓慢下降，同时，由于 CFRP 退出工作，约束力也开始下降。横向 CFRP 在断裂前处于线弹性阶段，断裂后其应力迅速降为 0。另外，由于 CFRP 的约束作用，圆 CFRP-钢管混凝土轴压短柱的弹塑性阶段比圆钢管混凝土轴压短柱的长，峰值荷载也增大，混凝土应力的下降轨迹也不同。

2. 方轴压短柱

图 2.49 为方钢管混凝土轴压短柱的应力-应变（σ-ε）曲线。可见，在初始加载阶段钢管与混凝土并未接触，且该阶段比圆钢管混凝土轴压短柱的更长。图 2.50

为方 CFRP-钢管混凝土轴压短柱的应力-应变曲线。可见，在构件达到峰值荷载 N_{max} 之前钢材就已经屈服，但混凝土还没有达到其强度极限，CFRP 的应力近似线性增长，且增长速度不断提高。当混凝土达到强度极限时，构件也达到峰值荷载，此时 CFRP 只在弯角处少量断裂，CFRP 的应力仍在增长，但增长速度略有下降。随着混凝土应力-应变曲线进入下降段，构件的应力-应变曲线也进入下降段，钢管纵向应力在构件达到承载力前已达到屈服点；进入塑性阶段后，钢管纵向应力逐渐下降；钢材进入强化阶段后，钢管纵向应力呈现增大趋势。在此阶段伴随构件压缩量的增长，CFRP 开始大量断裂，其应力迅速减小为 0，应变快速增加。比较图 2.49 和图 2.50 可见，由于 CFRP 筒对钢管混凝土的约束，方 CFRP-钢管混凝土的弹塑性阶段要比方钢管混凝土的长，且承载力和相应的约束力也有明显的提高。

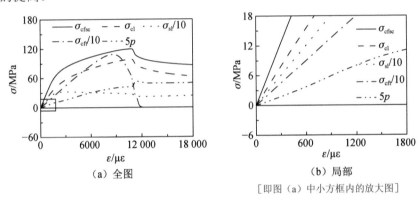

[即图（a）中小方框内的放大图]

图 2.48　圆 CFRP-钢管混凝土轴压短柱的 σ-ε 曲线

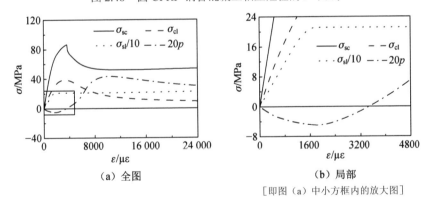

[即图（a）中小方框内的放大图]

图 2.49　方钢管混凝土轴压短柱的 σ-ε 曲线

在 $\varepsilon<1800\mu\varepsilon$ 时，p 的值依然为负，这说明即使外包了 CFRP 形成了方 CFRP-钢管混凝土轴压短柱，在加载初期外管还是不能给混凝土提供约束力，但混凝土与外管发生相互作用时的应变与方钢管混凝土的（$\varepsilon<3600\mu\varepsilon$）相比显著减小。这

与圆 CFRP-钢管混凝土轴压短柱有所不同。

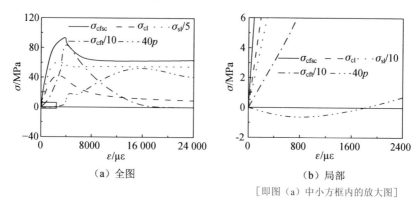

（a）全图   （b）局部

[即图（a）中小方框内的放大图]

图 2.50   方 CFRP-钢管混凝土轴压短柱的σ-ε曲线

2.4.2   外管对混凝土的约束力分析

1. 约束力沿截面的分布

图 2.51 为方 CFRP-钢管混凝土轴压短柱同一高度处外管对混凝土的约束力-应变（p-ε）曲线。可见，约束力在钢管弯角处最大，且随着与钢管弯角处距离的增大而迅速减小。对于钢管弯角处，达到峰值后约束力下降得较快，混凝土在加载后期体积膨胀，约束力有所增加，但幅度不大。图 2.52 为方钢管混凝土轴压短柱同一高度处外管对混凝土的约束力-应变（p-ε）曲线。比较图 2.51 和图 2.52 可见，CFRP大大提高了钢管对混凝土的约束力，两者之间可以更加紧密地协同工作。约束力的增加主要集中在弯角处，平板处的 CFRP 对于约束力的提高不够明显。

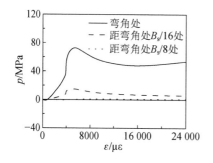

图 2.51   方 CFRP-钢管混凝土轴压短柱
同一高度处的 p-ε曲线

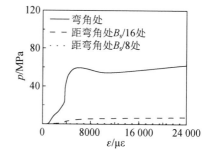

图 2.52   方钢管混凝土轴压短柱
同一高度处的 p-ε曲线

图 2.53 为方 CFRP-钢管混凝土轴压短柱中截面 p 的分布（$-0.8N_{max}$ 和$-0.6N_{max}$表示承载力下降到峰值荷载的 4/5 和 3/5）。可见，在受荷初期，钢管弯角处与钢管平板中点处的约束力差别不大，随着外荷载的增加，钢管弯角处的约束力增长

较快，但是钢管平板中点处的约束力仍维持在一个相对较低的数值，再次证实了方 CFRP-钢管混凝土轴压短柱的约束力主要集中在弯角处。

2. 约束力沿高度的分布

图 2.54 为方 CFRP-钢管混凝土轴压短柱不同高度处外管对混凝土的约束力（因约束力沿截面边长分布不均匀，取该高度处的约束力平均值）的分布。可见，在构件中截面的约束力最大，端部约束力较小。在 $L/4$ 高度处其约束力已比较接近中截面的，再靠近中截面，应力增长幅度不大。

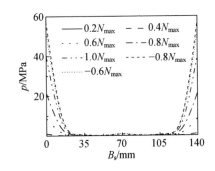
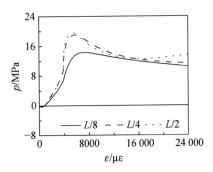

图 2.53　方 CFRP-钢管混凝土轴压短柱中截面 p 的分布　　　图 2.54　方 CFRP-钢管混凝土轴压短柱不同高度处的 p-ε 曲线

3. 平均约束力的分布

从以上的分析可知，对于方 CFRP-钢管混凝土轴压短柱，外管对混凝土的约束沿截面边长和构件高度的分布都不均匀，为了从总体上了解约束力的规律，取约束力的平均值进行分析。图 2.55 和图 2.56 分别为在不同碳纤维层数和不同混凝土强度下中截面钢管对混凝土的平均约束力 p 与纵向平均应变 ε 的曲线。可见，钢管对混凝土的平均约束力随横向碳纤维层数的增多或混凝土强度的提高而增大。

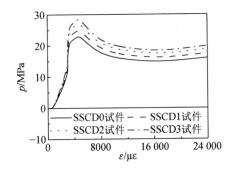
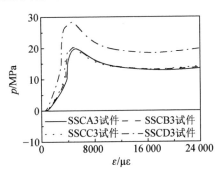

图 2.55　不同约束下 D 组方 CFRP-钢管混凝土轴压短柱的 p-ε 曲线　　　图 2.56　不同混凝土强度下 $m_t=3$ 方 CFRP-钢管混凝土轴压短柱的 p-ε 曲线

2.4.3　钢管初应力的影响

1. 圆 CFRP-钢管混凝土轴压短柱

图 2.57 为钢管初应力[用钢管的初应力系数 β_0 来表达，$\beta_0=\sigma_{s0}/(\varphi_s f_y)$，其中 σ_{s0} 为钢管的初应力，φ_s 为钢管的稳定系数]对圆 CFRP-钢管混凝土轴压短柱的荷载-应变曲线的影响。可见，钢管的初应力降低了圆 CFRP-钢管混凝土轴压短柱弹性阶段的刚度和峰值荷载。图 2.58 为钢管初应力对圆 CFRP-钢管混凝土轴压短柱 $p\text{-}\varepsilon$ 曲线的影响。可见，在钢管与混凝土共同受力之前，钢管的初应力在钢管中产生初始压应变，这会延迟钢管与混凝土之间的相互作用，但是钢管初应力对约束力的峰值几乎没有影响。

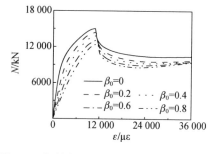

图 2.57　钢管初应力对圆 CFRP-钢管混凝土　　　图 2.58　钢管初应力对圆 CFRP-钢管混凝土
　　　　　轴压短柱 $N\text{-}\varepsilon$ 曲线的影响　　　　　　　　　　　轴压短柱 $p\text{-}\varepsilon$ 曲线的影响

图 2.59 为在极限状态时钢管初应力对圆 CFRP-钢管混凝土轴压短柱中截面混凝土纵向应力分布的影响。可见，在极限状态时，钢管初应力对中截面混凝土纵向应力分布的影响很小。

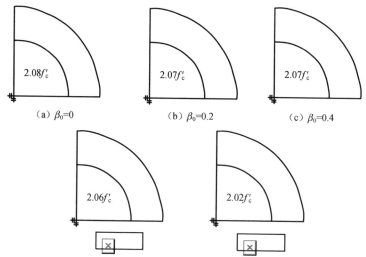

图 2.59　钢管的初应力对圆 CFRP-钢管混凝土轴压短柱在极限状态前中
截面混凝土纵向应力分布的影响

2. 方 CFRP-钢管混凝土轴压短柱

图 2.60 为钢管初应力对方 CFRP-钢管混凝土轴压短柱的荷载-应变曲线的影响。可见，钢管初应力缩短了方 CFRP-钢管混凝土轴压短柱的弹性工作阶段；随着初应力的增加，承载力逐渐下降，且对应的极限应变和初始应变略有增加，即初应力使构件的刚度略有减小。图 2.61 为钢管初应力对方 CFRP-钢管混凝土轴压短柱的约束力-应变曲线的影响。可见，在钢管与混凝土共同受力之前，钢管的初应力在钢管中产生初始压应变，延迟了钢管与混凝土之间的相互作用，平均约束应力的峰值也随着钢管初应力的增加而减小。

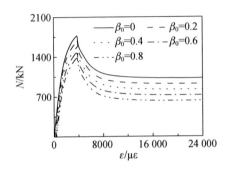

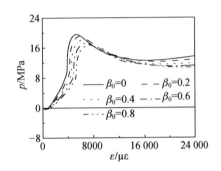

图 2.60 钢管初应力对方 CFRP-钢管混凝土　　图 2.61 钢管初应力对方 CFRP-钢管混凝土
轴压短柱 $N\text{-}\varepsilon$ 曲线的影响　　　　　　　轴压短柱 $p\text{-}\varepsilon$ 曲线的影响

2.4.4 钢管与混凝土之间黏结强度的影响

1. 圆 CFRP-钢管混凝土轴压短柱

采用 0（钢管和混凝土之间无黏结）、0.3 和 0.6 三个摩擦系数（μ）以模拟钢管与混凝土之间的黏结强度[109]。图 2.62 为黏结强度对圆 CFRP-钢管混凝土轴压短柱 $N\text{-}\varepsilon$ 曲线的影响。可见，黏结强度对 $N\text{-}\varepsilon$ 曲线几乎没有影响。

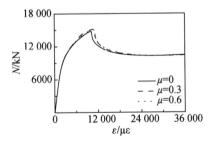

图 2.62 黏结强度对圆 CFRP-钢管混凝土
轴压短柱 $N\text{-}\varepsilon$ 曲线的影响

2. 方 CFRP-钢管混凝土轴压短柱

图 2.63 和图 2.64 分别为黏结强度对方 CFRP-钢管混凝土轴压短柱 N-ε 曲线和 p-ε 曲线的影响。可见，黏结强度对两条曲线几乎没有影响。

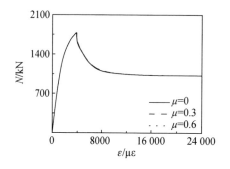
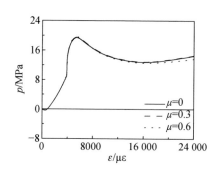

图 2.63　黏结强度对方 CFRP-钢管混凝土　　　图 2.64　黏结强度对方 CFRP-钢管混凝土
　　　轴压短柱 N-ε 曲线的影响　　　　　　　　　轴压短柱 p-ε 曲线的影响

2.5　参　数　分　析

影响 CFRP-钢管混凝土轴压短柱的 N-Δ' 曲线的可能参数有横向 CFRP 层数、钢材屈服强度、混凝土强度和含钢率（$\alpha=A_s/A_c$）等。下面采用典型算例来分析上述参数对 CFRP-钢管混凝土轴压短柱 N-Δ' 曲线的影响。

1. 横向 CFRP 层数的影响

图 2.65 为横向 CFRP 层数对 CFRP-钢管混凝土轴压短柱 N-Δ' 曲线的影响。

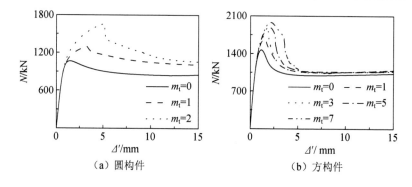

（a）圆构件　　　　　　　　　　　　（b）方构件

图 2.65　m_t 对 CFRP-钢管混凝土轴压短柱 N-Δ' 曲线的影响

可见，随着 m_t 的增多，曲线的整体形状和弹性阶段的刚度变化不大，构件的承载力有所提高；曲线达到峰值点后的下降幅度随着 m_t 的增多而增大。

2. 钢材屈服强度的影响

图 2.66 为钢材屈服强度对 CFRP-钢管混凝土轴压短柱 N-Δ'曲线的影响。可见，随着 f_y 的增大，曲线的形状和弹性阶段的刚度无明显变化，构件的承载力有一定程度的提高。

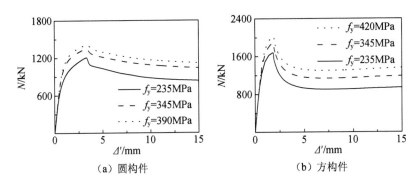

图 2.66 f_y 对 CFRP-钢管混凝土轴压短柱 N-Δ'曲线的影响

3. 混凝土强度的影响

图 2.67 为混凝土强度对 CFRP-钢管混凝土轴压短柱 N-Δ'曲线的影响。可见，随着 f_{cu} 的提高，曲线的形状和弹性阶段的刚度无明显变化，但承载力显著提高。

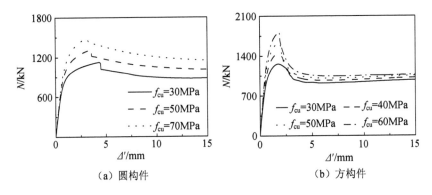

图 2.67 f_{cu} 对 CFRP-钢管混凝土轴压短柱 N-Δ'曲线的影响

4. 含钢率的影响

图 2.68 为含钢率对 CFRP-钢管混凝土轴压短柱 N-Δ'曲线的影响。可见，随着 α 的增大，曲线的形状无明显变化，但承载力和弹性阶段的刚度显著提高。

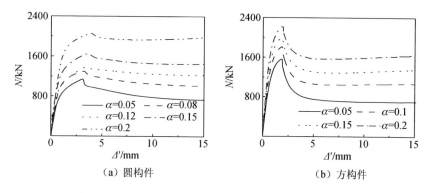

（a）圆构件　　　　　　　　（b）方构件

图 2.68　α 对 CFRP-钢管混凝土轴压短柱 N-Δ' 曲线的影响

2.6　轴压承载力

1. 轴压承载力的定义

采用有限元计算方法可以较准确地计算出 CFRP-钢管混凝土轴压短柱的荷载-变形曲线，利于深入认识这类构件的力学性能，但计算显得较为复杂，不便于工程实际应用，因此有必要在参数分析的基础上提供简化的计算方法。

为了合理确定 CFRP-钢管混凝土轴压短柱的轴压强度 f_{cfscy}，对其荷载-变形曲线进行了大量计算，计算参数（适用范围）：f_y=200～400MPa、f_u=30～120MPa、ξ_s=0.2～4 和 ξ_{cf}=0～0.6（圆构件）；f_y=200～500MPa、f_u=30～120MPa、α=0.03～0.2 和 ξ_{cf}=0～0.55（方构件），最后建议取 CFRP-钢管混凝土轴压短柱荷载-变形曲线（图 2.9 和图 2.10）上 ε_{cfscy} 对应的 σ_{cfsc} 为 f_{cfscy}，其中

圆构件：

$$\varepsilon_{cfscy}=1300+12.5 f_c' +(600+33.3 f_c')\xi^{0.2}+12000\xi_{cf}　(\mu\varepsilon)　\qquad(2.29)$$

方构件：

$$\varepsilon_{cfscy}=1300+12.5 f_c' +18 f_c' \xi^{0.2}　(\mu\varepsilon)　\qquad(2.30)$$

式中：f_c' 以 MPa 计。

ε_{cfscy} 的确定依据如下：首先，σ_{cfsc}-ε_{sl} 曲线上的弹塑性阶段基本在 ε_{cfscy} 左右结束；其次，钢管和混凝土在 ε_{cfscy} 时基本达到了极限状态，但 CFRP 尚未断裂；最后，σ_{cfsc}-ε_{sl} 曲线在 ε_{cfscy} 前应力增加很快，应变增加较慢，在 ε_{cfscy} 之后，应力增加较慢而应变增加较快。

2. 轴压承载力计算表达式

可以近似用直线来描述 γ_c（$=f_{cfscy}/f_{ck}$）与约束系数之间的关系（图 2.69）。

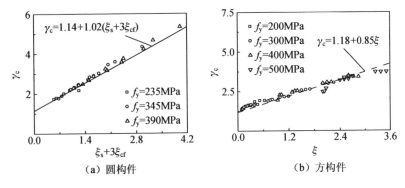

图 2.69　γ_c-约束系数关系

经过回归分析，f_{cfscy} 的表达式如下。

圆构件：

$$f_{cfscy}=[1.14+1.02(\xi_s+3\xi_{cf})]f_{ck} \qquad (2.31)$$

方构件：

$$f_{cfscy}=(1.18+0.85\xi)f_{ck} \qquad (2.32)$$

则 CFRP-钢管混凝土的轴压承载力 N_u 的计算式为

$$N_u=A_{cfs}f_{cfscy} \qquad (2.33)$$

如果没有 CFRP，式（2.29）～式（2.33）退化为钢管混凝土轴压短柱相应的计算式[36]。

3. 表达式的验证

图 2.70 为轴压承载力计算结果 N_u^c 与试验结果 N_u^t 的比较。圆试件的 N_u^c/N_u^t 的平均值为 0.902，均方差为 0.0536；方试件的 N_u^c/N_u^t 的平均值为 1.013，均方差为 0.071。可见，计算结果与试验结果吻合良好。

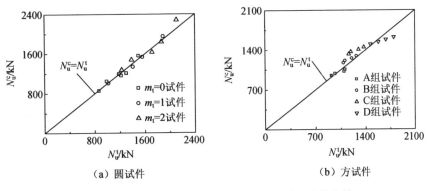

图 2.70　CFRP-钢管混凝土轴压短柱的 N_u^c 与 N_u^t 的比较

4. 纵向刚度

参考相关研究[110]，通过计算发现可用下式计算 CFRP-钢管混凝土轴压短柱的纵向刚度（$E_{cfsc}A_{cfsc}$），即

$$E_{cfsc} = \frac{f_{cfscp}}{\varepsilon_{cfscp}}$$ （2.34）

圆构件：

$$f_{cfscp} = \left[0.192\left(1-0.6\xi_{cf}\right)^2 \left(\frac{f_y}{235}\right) + 0.488\left(1-2.4\xi_{cf}\right) \right] f_{cfscy}$$ （2.35）

方构件：

$$f_{cfscp} = \left[0.263\left(\frac{f_y}{235}\right) + 0.365\left(\frac{30}{f_{cu}}\right) + 0.104 \right] f_{cfscy}$$ （2.36）

圆构件：

$$\varepsilon_{cfscp} = 3.25 \times 10^{-6} f_y$$ （2.37）

方构件：

$$\varepsilon_{cfscp} = 3.01 \times 10^{-6} f_y$$ （2.38）

式中：E_{cfsc} 为 CFRP-钢管混凝土的弹性模量；f_{cfscp} 和 ε_{cfscp} 分别为 CFRP-钢管混凝土轴压短柱的名义比例极限及其对应的应变。

如果没有 CFRP，式（2.34）～式（2.38）退化为钢管混凝土轴压短柱相应的计算式[36]。

试件的 $E_{cfsc}A_{cfsc}$ 列于表 2.1 和表 2.2，并如图 2.71 所示。可见，纵向刚度随着混凝土强度的提高和 CFRP 层数的增加而略有提高。

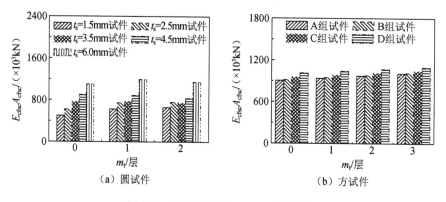

图 2.71　轴压短柱的 $E_{cfsc}A_{cfsc}$ 的比较

5. 轴压承载力的提高率

令钢管混凝土试件的轴压承载力为 N_{u0}，CFRP-钢管混凝土试件的轴压承载力为 N_{ui}，则定义下式为承载力提高率 r，即

$$r = \frac{N_{ui} - N_{u0}}{N_{u0}} \times 100\% \tag{2.39}$$

图 2.72 为轴压短柱的 r-m_t 曲线。可见，r 随着 m_t 的增大而近似线性增大。

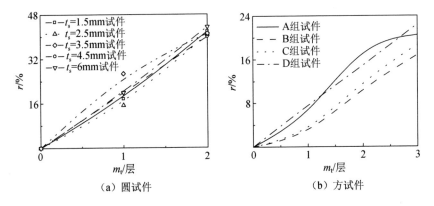

（a）圆试件　　　　　　　　（b）方试件

图 2.72　轴压短柱的 r-m_t 曲线

2.7　本 章 小 结

基于本章的研究可以得到以下结论。

1）CFRP-钢管混凝土轴压短柱的破坏属于强度破坏；CFRP 延缓了钢管的屈曲，内填的混凝土表现出良好的塑性填充性能；圆 CFRP-钢管混凝土轴压短柱的破坏模态与圆钢管混凝土轴压短柱的类似，但前者的变形较小。方 CFRP-钢管混凝土轴压短柱的破坏模态与方钢管混凝土轴压短柱的也类似，但前者一般在中截面只有一个凸曲，而后者在中截面附近有多个凸曲。试件的荷载-应变曲线可以划分为弹性阶段、弹塑性阶段和软化阶段。随着横向 CFRP 层数的增加，CFRP-钢管混凝土轴压短柱的延性降低；钢管与横向 CFRP 可以协同工作。

2）提出了轴压力作用下受圆 CFRP-钢管约束的混凝土和受方 CFRP-钢管约束的混凝土的应力-应变关系；应用 ABAQUS 建立模型模拟了 CFRP-钢管混凝土轴压短柱的荷载-应变曲线和变形模态，模拟结果与试验结果吻合良好。

3）对于圆钢管混凝土轴压短柱，在加载之初，钢管没有给混凝土提供横向约束力，而对于圆 CFRP-钢管混凝土轴压短柱，在加载之初外管就开始给混凝土提供横向约束力；横向 CFRP 断裂后会发生应力重分布现象：钢管的横向应力快速增大而纵向应力明显降低；约束力沿圆周均匀分布。对于方 CFRP-钢管混

凝土轴压短柱和方钢管混凝土轴压短柱，在加载之初，钢管都没有给混凝土提供横向约束力，但前者由于横向 CFRP 的约束作用，约束力较早出现；外管对于混凝土的约束沿截面边长和构件高度分布都不均匀；随着距构件端板距离的增加，钢管的横向应力也增加，而纵向应力沿构件的高度基本均匀分布；弯角处混凝土应力最大。

4）对于圆 CFRP-钢管混凝土轴压短柱，钢管初应力延缓了钢管对混凝土的约束力，对约束力的值影响不大。对于方 CFRP-钢管混凝土轴压短柱，随着初应力的增加，构件承载力下降，刚度略有减小，平均约束应力的峰值也减小。黏结强度对 CFRP-钢管混凝土轴压短柱的荷载-应变曲线和约束力-应变曲线几乎没有影响。

5）参数分析的结果表明，横向 CFRP 层数的增多、钢管的屈服强度、混凝土强度和含钢率的提高都可以提高构件的承载力，但仅有含钢率的提高可以显著提高构件弹性阶段的刚度，且上述 4 个参数的改变不会影响 CFRP-钢管混凝土轴压短柱荷载-变形曲线的形状。

6）给出了 CFRP-钢管混凝土的轴压强度和轴压承载力计算表达式，应用该式的计算结果与试验结果吻合良好。

3 CFRP-钢管混凝土的受弯性能

管体内填混凝土的优势在于三向受压混凝土的强度高,而合理选择的外管能给混凝土提供强大的横向约束,因此管体内填混凝土主要用作承压构件,CFRP-钢管混凝土也是如此。而在工程实践中,构件往往不仅承受压力,还会受到弯矩、扭矩和剪力的作用,或者受到压、弯、扭、剪等多种荷载形式的联合作用,因此,除了轴压性能,还需研究 CFRP-钢管混凝土的受弯性能、扭转性能和剪切性能等及其在联合荷载作用下的力学性能。事实上,管体内填混凝土并不适于用作受弯构件,这是因为受弯构件的一部分截面受压而另一部分截面受拉,只有受压的部分可以充分发挥管体内填混凝土的优势,而受拉部分有可能适得其反,尤其对于圆截面的管体内填混凝土,更不适合用作受弯构件,这是因为其大部分的截面面积集中于中和轴附近,不能提供较大的抗弯模量。但是,可以将受弯构件视为轴压力为 0 的压-弯构件,开展受弯性能的研究将有助于认识构件的压-弯性能。对于第 2 章介绍的 CFRP-钢管混凝土轴压短柱,试件纵向压缩、横向膨胀,又由于 CFRP 只有抗拉强度而没有抗压强度,因此,对于CFRP-钢管混凝土轴压短柱的受压性能研究,试件上没有粘贴纵向 CFRP,只粘贴了横向 CFRP,以期抵抗由于混凝土的横向膨胀而产生的横向拉力。对于受弯构件,截面上既有受拉区又有受压区,因此,仅仅粘贴横向 CFRP 是不够的,还应粘贴纵向 CFRP,以期为构件提供纵向增强作用,提高构件的抗弯刚度和抗弯承载力。

为了了解 CFRP-钢管混凝土的受弯性能,本书作者分别进行了 16 个圆 CFRP-钢管混凝土受弯试件[111-115]和 16 个方 CFRP-钢管混凝土受弯试件[116,117]的静力试验,试件上同时粘贴横向 CFRP 和纵向 CFRP,并对试件的中截面弯矩-曲率(M-ϕ)曲线的特点、钢管与 CFRP 的协同工作、平截面假定和抗弯刚度等进行了探讨。应用 ABAQUS 模拟了试件的 M-ϕ曲线、变形模态、挠度曲线和钢管应变等;以上述研究为基础,对各组成材料的应力和应变、黏结强度对刚度和承载力的影响以及外管与混凝土的相互作用力对构件静力性能的影响等进行了受力全过程和理论分析;探讨了纵向 CFRP 层数、横向 CFRP 层数、钢材屈服强度、混凝土强度和含钢率等对构件静力性能的影响;基于性能分析,给出了 CFRP-钢管混凝土的抗弯承载力计算表达式,应用该式可以合理计算 CFRP-钢管混凝土的抗弯承载力。

3.1　试　验　研　究

3.1.1　试件的设计、制作与材料性能

1. 试件的设计

1）圆 CFRP-钢管混凝土受弯试件

本书作者进行了 16 个圆 CFRP-钢管混凝土受弯试件的静力性能试验，主要参数包括纵向 CFRP 层数 m_l 和钢管的外径 D_s。试件的长度 L_0 均为 1400mm，试件的计算长度 L 均为 1200mm，钢管壁厚 t_s 均为 4.5mm，横向 CFRP 的层数 m_t 均为 1，其他参数见表 3.1。

表 3.1　圆 CFRP-钢管混凝土受弯试件的参数

序号	编号	D_s/mm	m_l/层	ξ_s	η	ξ_{cf}	ε'_{cflr}
1	CBA0	89	0	2.21	0	0.36	
2	CBA1	89	1	2.21	0.3	0.36	12 367
3	CBA2	89	2	2.21	0.59	0.36	8581
4	CBA3	89	3	2.21	0.89	0.36	—
5	CBB0	108	0	1.56	0	0.29	—
6	CBB1	108	1	1.56	0.33	0.29	9652
7	CBB2	108	2	1.56	0.66	0.29	8795
8	CBB3	108	3	1.56	0.99	0.29	9721
9	CBC0	133	0	1.53	0	0.22	—
10	CBC1	133	1	1.53	0.27	0.22	9913
11	CBC2	133	2	1.53	0.53	0.22	8706
12	CBC3	133	3	1.53	0.8	0.22	9758
13	CBD0	159	0	1.26	0	0.18	—
14	CBD1	159	1	1.26	0.26	0.18	9603
15	CBD2	159	2	1.26	0.53	0.18	9211
16	CBD3	159	3	1.26	0.79	0.18	12 041

序号	编号	K_{ie}/(kN·m²)	K_{se}/(kN·m²)	M_u^t/(kN·m)	M_{max}/(kN·m)	r/%
1	CBA0	225	221	12.5	13.1	0
2	CBA1	231	226	14.2	15.6	13.6
3	CBA2	255	250	15.4	18.1	23.2
4	CBA3	277	259	17.5	20.5	40
5	CBB0	457	465	18.5	20.3	0
6	CBB1	505	474	19.9	23.8	7.6
7	CBB2	569	501	21.6	25.3	16.8
8	CBB3	853	509	24.2	30.4	30.8

续表

序号	编号	K_{ie}/（kN·m²）	K_{se}/（kN·m²）	M_u^t/（kN·m）	M_{max}/（kN·m）	r/%
9	CBC0	909	744	32.7	40.1	0
10	CBC1	960	843	37.4	43.1	14.4
11	CBC2	992	860	37.4	46.1	14.4
12	CBC3	1009	898	40.2	52.6	20.9
13	CBD0	1721	1443	51.5	58.4	0
14	CBD1	1715	1459	53.5	61.0	3.9
15	CBD2	1746	1542	59.6	66.1	15.7
16	CBD3	1757	1627	64.2	69.8	24.7

注：编号中的字母"CB"指的是圆梁（circular beam）；第三个字母"A、B、C、D"指的是 D_s 分别为 89mm、108mm、133mm、159mm；阿拉伯数字"0、1、2、3"指的是 m_l 的值；ε'_{cflr} 为每个受弯试件的纵向 CFRP 的断裂应变；K_{ie} 为初始阶段抗弯刚度；K_{se} 为使用阶段抗弯刚度；M_u^t 为抗弯承载力试验值；M_{max} 为实测峰值弯矩。

2）方 CFRP-钢管混凝土受弯试件

本书作者进行了 16 个方 CFRP-钢管混凝土受弯试件的静力性能试验，主要参数包括混凝土立方体抗压强度 f_{cu} 和纵向 CFRP 层数 m_l。试件的长度均为 1400mm，试件的计算长度均为 1200mm，钢管壁厚 t_s 均为 3.5mm，外边长 B_s 均为 140mm，横向 CFRP 层数 m_t 均为 1。其他参数见表 3.2。

表 3.2 方 CFRP-钢管混凝土受弯试件的参数

序号	编号	f_{ck}/MPa	m_l/层	ξ_s	η	ξ_{cf}	ε'_{cflr}
1	SBA0	22.3	0	1.45	0	0.11	—
2	SBA1	22.3	1	1.45	0.25	0.11	10 216
3	SBA2	22.3	2	1.45	0.5	0.11	11 295
4	SBA3	22.3	3	1.45	0.75	0.11	12 929
5	SBB0	26.4	0	1.23	0	0.09	—
6	SBB1	26.4	1	1.23	0.25	0.09	10 504
7	SBB2	26.4	2	1.23	0.5	0.09	11 213
8	SBB3	26.4	3	1.23	0.75	0.09	8332
9	SBC0	32.8	0	0.99	0	0.07	—
10	SBC1	32.8	1	0.99	0.25	0.07	7345
11	SBC2	32.8	2	0.99	0.5	0.07	12 584
12	SBC3	32.8	3	0.99	0.75	0.07	8906
13	SBD0	40.0	0	0.81	0	0.06	—
14	SBD1	40.0	1	0.81	0.25	0.06	12 505
15	SBD2	40.0	2	0.81	0.5	0.06	9357
16	SBD3	40.0	3	0.81	0.75	0.06	9402

续表

序号	编号	K_{ie}/（kN·m²）	K_{se}/（kN·m²）	M_u^t/（kN·m）	M_{max}/（kN·m）	r/%
1	SBA0	881	709	35.2	42	0
2	SBA1	820	792	39	48	10.8
3	SBA2	919	810	43.5	56.2	23.6
4	SBA3	1088	876	46.4	58.8	31.8
5	SBB0	896	712	34.6	42.4	0
6	SBB1	1044	928	41.8	50.8	20.8
7	SBB2	1173	930	44.8	52.6	29.5
8	SBB3	1290	1003	47.4	60.2	37
9	SBC0	935	841	36.6	43.4	0
10	SBC1	924	923	42	51.8	14.8
11	SBC2	1199	980	44.8	55	22.4
12	SBC3	1193	1092	48	60.8	31.1
13	SBD0	947	848	36.4	43.2	0
14	SBD1	1111	985	43.4	50.2	19.2
15	SBD2	1291	1091	48.6	58.4	33.5
16	SBD3	1291	1124	56.2	63.6	54.4

注：编号中的字母"SB"指的是方梁（square beam）；第三个字母"A、B、C、D"指的是其 f_{ck} 分别为 22.3MPa、26.4MPa、32.8MPa、40MPa；阿拉伯数字"0、1、2、3"指的是 m_l 的值。

2. 试件的制作

首先根据设计参数制作钢管混凝土试件，然后再根据设计参数人工粘贴纵向（先）、横向（后）碳纤维布。图 3.1 为试验前的部分圆 CFRP-钢管混凝土受弯试件，图 3.2 为试验前的全部方 CFRP-钢管混凝土受弯试件。

（a）D_s=89mm 试件   （b）D_s=159mm 试件

图 3.1　试验前的部分圆 CFRP-钢管混凝土受弯试件

图 3.2　试验前的全部方 CFRP-钢管混凝土受弯试件

3. 材料性能

1）钢材

圆 CFRP-钢管混凝土受弯试件所用钢管的 f_y、f_u、E_s 和 ν_s 等指标如表 3.3 所示。

表 3.3　圆 CFRP-钢管混凝土受弯试件所用的钢管的性能指标

D_s/mm	f_y/MPa	f_u/MPa	E_s/GPa	ν_s
89	304	465	216	0.26
108	269	434	216	0.25
133	333	474	216	0.27
159	333	474	217	0.31

方 CFRP-钢管混凝土受弯试件所用的钢管与方 CFRP-钢管混凝土轴压短柱所用的相同。

2）混凝土

圆 CFRP-钢管混凝土受弯试件的混凝土采用普通硅酸盐水泥（C）、自来水（W），硅砂（S）为细骨料，粒径 5～15mm 的石灰岩（G）为粗骨料，另添加 1%（质量分数）的减水剂（SP），具体配合比（kg/m³）为 C∶W∶S∶G=485∶150∶703∶1062。测得 f_{cu}=48.8MPa（加载时的立方体抗压强度为 60.7MPa），弹性模量 E_c=35.9GPa。

方 CFRP-钢管混凝土受弯试件所用的混凝土与方 CFRP-钢管混凝土轴压短柱所用的相同。

3）碳纤维布

采用的碳纤维布的主要性能指标见表 3.4。

表 3.4　碳纤维布的主要力学性能指标

截面	类型	E_{cf}/GPa	δ_{cf}/$\mu\varepsilon$	f'_{cf}/GPa
圆	t_{cf}=0.167mm	230	21 000	4.83
方	t_{cf}=0.111mm	233	21 000	4.9

3.1.2　加载与测量

1. 加载

CFRP-钢管混凝土受弯试件的加载全貌示意图如图 3.3 所示，其中 P 为中截面侧向力。

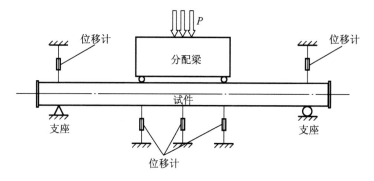

图 3.3　CFRP-钢管混凝土受弯试件的加载全貌示意图

试件两端铰支，液压千斤顶在中截面加载，由刚度足够大的分配梁将荷载分配到两个三分点处。试验采用分级加载制，在弹性范围内，荷载级差约为 5kN，持载2min 后再进行下一级加载；当荷载达到大约 60% 估算承载力以后，慢速连续加载；中截面挠度 u_m 超过 L/50 后，采用挠度控制加载，直至 u_m 达到大约 L/25 停止试验。估算承载力的方法如下：按照等强度原则，将所有 CFRP 均当量化为钢管，再根据钢管混凝土受弯构件的相关计算式[36]计算，但在计算钢管约束系数时不考虑纵向CFRP 当量化的钢管。图 3.4 为 CFRP-钢管混凝土受弯试件的加载全貌实物图。

2. 测量

采用 300kN 荷载传感器测量荷载。在三分点和中截面用位移计测量挠度，在支座处用位移计测量支座沉降。如图 3.5（a）所示，分别在圆试件中截面的钢管和 CFRP 上沿圆周布置电阻应变片 7 枚（1 点～7 点）以测量纵向应变（ε_l），分别在试件中截面的钢管和 CFRP 管上的上、下最外边缘和形心轴上布置电阻应变片 4 枚（1 点、4 点、7 点和 8 点）以测量横向应变（ε_t）；如图 3.5（b）所示，分别在方试件中截面的钢管和CFRP管上沿四等分高度布置电阻应变片10枚（1 点～5 点）以测量纵向应变和横向应变。

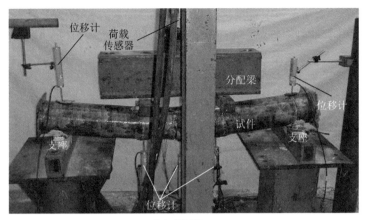

（a）圆试件

（b）方试件

图 3.4　CFRP-钢管混凝土受弯试件的加载全貌实物图

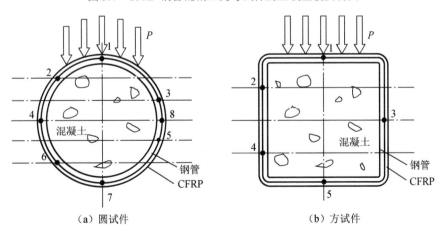

（a）圆试件　　　　　　　　　（b）方试件

图 3.5　CFRP-钢管混凝土受弯试件的应变片的布置

采用 U-CAM-70A 静态数据采集系统（圆试件）或者 IMP 数据采集板（方试件）采集数据，同时记录和绘制 P-u_m 曲线。

3.1.3　试验现象

1. 圆 CFRP-钢管混凝土受弯试件

只有横向 CFRP 的试件的试验现象与圆钢管混凝土受弯试件的相似，在加载后期变形较大时，纵向受压区的横向 CFRP 开始断裂［图 3.6（a）］。对于有纵向 CFRP 的试件，在受拉区最外纤维应变达到 10 000με 左右时，纵向 CFRP 开始断裂［图 3.6（b）］。试件中截面受拉边缘 CFRP 上的应变片此时所测得的应变为 ε'_{cflr}，该值列于表 3.1；所有试件的 ε'_{cflr} 的平均值定义为纵向 CFRP 的断裂应变(ε_{cflr})，ε_{cflr}=10 000με。之后，承载力陡然下降，在加载后期变形较大时，横向 CFRP 开始断裂。

（a）横向CFRP　　　　　　　　（b）纵向CFRP

图 3.6　圆 CFRP-钢管混凝土受弯试件的 CFRP 的断裂

图 3.7 为加载后的若干圆 CFRP-钢管混凝土受弯试件。

（a）D_s=89mm 试件　　　　　　（b）D_s=159mm 试件

图 3.7　加载后的若干圆 CFRP-钢管混凝土受弯试件

将加载完的圆试件的外部 CFRP-钢管剖开后可见，混凝土分受拉区和受压区两部分（图 3.8）。对于具有相同 D_s 的试件，受拉区裂缝随着 m_l 的增加变得细而密；对于具有相同 m_l 的试件，受拉区裂缝随着 D_s 的增大变得细而密。

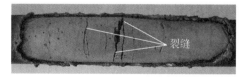 

(a) 受拉区混凝土　　　　　　　(b) 受压区混凝土

图 3.8　圆 CFRP-钢管混凝土受弯试件的混凝土的破坏

2. 方 CFRP-钢管混凝土受弯试件

在加载初期，挠度与荷载的增长近似呈正比；当荷载达到峰值弯矩（M_{max}）的大约 50%时，可听到轻微的黏胶开裂的声音；当荷载达到峰值弯矩的大约 70%时，在纵向受拉区中截面附近横向 CFRP 开始撕裂［图 3.9（a）］。随着荷载的增加，撕裂继续发展；当荷载达到峰值弯矩时，随着变形的持续增加，可听到连续、刺耳的爆裂声，纵向受拉区的纵向 CFRP 开始大量断裂［图 3.9（b）］。粘贴于试件中截面受拉边缘 CFRP 上的应变片此时所测得的应变为ε'_{cfir}，该值列于表 3.2；所有试件的ε'_{cfir}的平均值定义为纵向 CFRP 的断裂应变（ε_{cfir}），ε_{cfir}=10 000$\mu\varepsilon$。

（a）SBC3试件的受拉区的横向CFRP　　（b）SBC3试件的受拉区的纵向CFRP

（c）SBD1试件的纵向CFRP　　　　　（d）SBA0试件的受压区钢管

图 3.9　方 CFRP-钢管混凝土受弯试件的 CFRP 和钢管的破坏

随着荷载的不断增加，从受压区过渡到受拉区，纵向 CFRP 的断裂逐渐增多［图 3.9（c）］，在挠度很大时，纵向受压区的横向 CFRP 在弯角处渐次断裂。所有试件的中截面受压区的钢管均出现了外凸的现象［图 3.9（d）］。图 3.10 为加载后的全部方 CFRP-钢管混凝土受弯试件。

图 3.10　加载后的全部方 CFRP-钢管混凝土受弯试件

将加载完的方试件的外部 CFRP-钢管剖开后可见，混凝土分受拉区和受压区两部分（图 3.11）。对于具有相同混凝土强度的试件，受拉区裂缝随着 m_1 的增加变得细而密，裂缝分布在较宽的区域；同时，受压区混凝土被压溃。

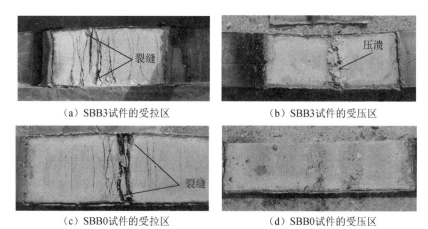

（a）SBB3试件的受拉区　　　　　　　　（b）SBB3试件的受压区

（c）SBB0试件的受拉区　　　　　　　　（d）SBB0试件的受压区

图 3.11　方 CFRP-钢管混凝土受弯试件的混凝土的破坏

3.1.4　试验结果与初步分析

1. 挠曲线形状

圆 CFRP-钢管混凝土受弯试件和方 CFRP-钢管混凝土受弯试件的挠曲线分别如图 3.12 和图 3.13 所示。可见，试件的挠曲线近似为正弦半波曲线。

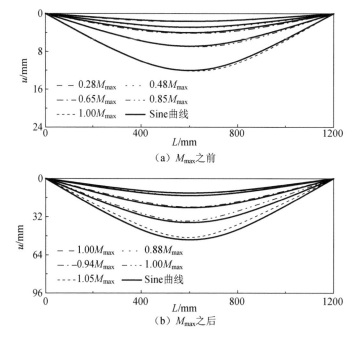

图 3.12　圆 CFRP-钢管混凝土受弯试件（CBD3）的挠曲线

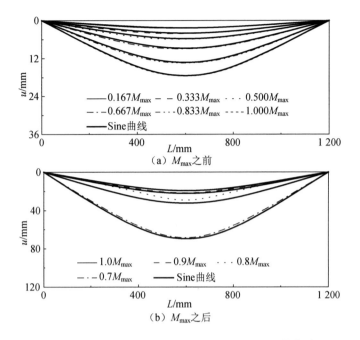

（a）M_{max}之前

（b）M_{max}之后

图 3.13　方 CFRP-钢管混凝土受弯试件（SBD3）的挠曲线形状

2. M-ϕ曲线

1）圆 CFRP-钢管混凝土受弯试件

图 3.14 为圆 CFRP-钢管混凝土受弯试件的 M-ϕ曲线，其中 M 和 ϕ 分别由 P 和 u_m 换算得到，即

$$M = \frac{PL}{6} \tag{3.1}$$

$$\phi = \pi^2 \frac{u_m}{L^2} \tag{3.2}$$

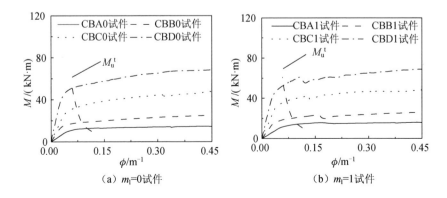

（a）m_l=0试件

（b）m_l=1试件

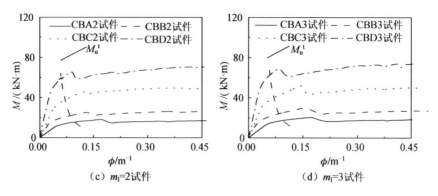

（c）m_l=2试件　　　　　　　　　（d）m_l=3试件

图 3.14　圆 CFRP-钢管混凝土受弯试件的 M-ϕ 曲线

可见，m_l 对圆 CFRP-钢管混凝土受弯试件 M-ϕ 曲线的形态影响较大。在加载初期，曲线呈线性变化，处于弹性阶段；随着荷载的增加，曲线逐渐进入弹塑性阶段；纵向 CFRP 断裂之后，曲线出现下降段；加载后期，圆 CFRP-钢管混凝土受弯试件的曲线基本归于相应的圆钢管混凝土受弯试件的曲线。破坏具有脆性性质，但由于钢管的存在，试件仍可以经历较大的变形而同时保持较大的承载力。

2）方 CFRP-钢管混凝土受弯试件

图 3.15 为方 CFRP-钢管混凝土受弯试件的 M-ϕ 曲线。

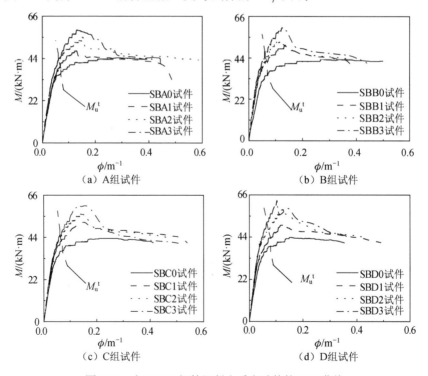

图 3.15　方 CFRP-钢管混凝土受弯试件的 M-ϕ 曲线

可见，方 CFRP-钢管混凝土受弯试件的 M-ϕ 曲线的特点与圆试件的类似。

3. 抗弯刚度

根据试件的 M-ϕ 曲线，令对应于 $M=0.2M_u^t$ 的割线刚度为初始阶段抗弯刚度 K_{ie}，对应于 $M=0.6M_u^t$ 的割线刚度为使用阶段抗弯刚度 K_{se}[36]，则 CFRP-钢管混凝土受弯试件的 K_{ie}-m_l 曲线和 K_{se}-m_l 曲线分别如图 3.16 和图 3.17 所示。可见，K_{ie} 和 K_{se} 均随着 m_l 的增加而提高。

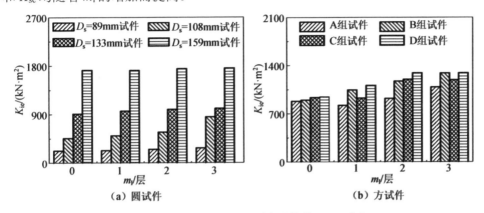

图 3.16　CFRP-钢管混凝土受弯试件的 K_{ie}-m_l 曲线

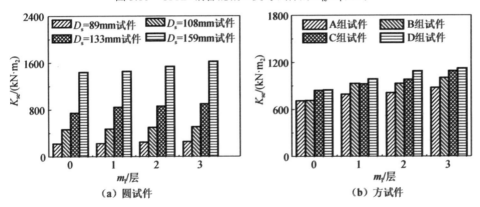

图 3.17　CFRP-钢管混凝土受弯试件的 K_{se}-m_l 曲线

4. 钢管与 CFRP 的协同工作

1）横向

图 3.18 和图 3.19 分别为圆 CFRP-钢管混凝土受弯试件和方 CFRP-钢管混凝土受弯试件的 M-ε 曲线。可见，在整个受力全过程中 ε_{st} 和 ε_{cft} 基本一致。另外，在试验结束后剖开 CFRP-钢管时，发现除了 CFRP 断裂处，其他位置的 CFRP 和钢管之间均黏结完好无损，以上均表明钢管和 CFRP 在横向可以协同工作。对于圆试件还可以看出，ε_{st} 沿试件截面周边分布不均匀：1 点横向拉应变最大，7 点横向压应变最大。

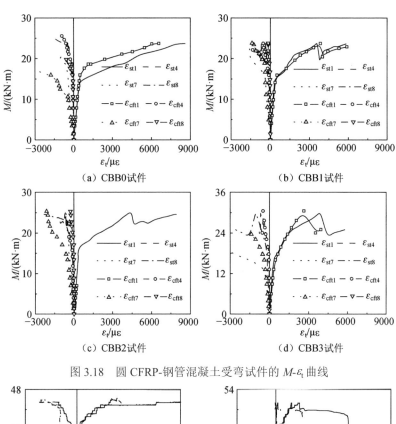

图 3.18　圆 CFRP-钢管混凝土受弯试件的 M-ε_t 曲线

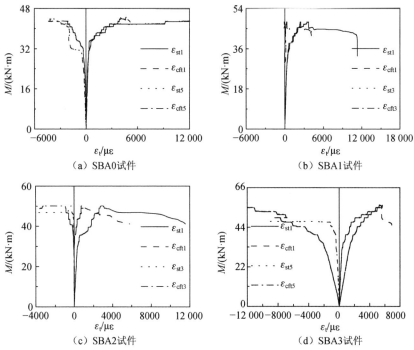

图 3.19　方 CFRP-钢管混凝土受弯试件的 M-ε_t 曲线

2）纵向

图 3.20 和图 3.21 分别为圆 CFRP-钢管混凝土受弯试件和方 CFRP-钢管混凝土受弯试件的 M-ε_l 曲线（ε_{cfl} 为纵向 CFRP 的应变）。可见，钢管和 CFRP 在纵向也可以协同工作。

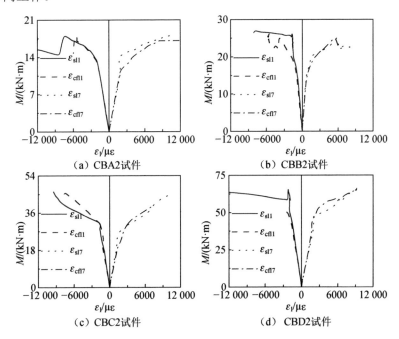

图 3.20 圆 CFRP-钢管混凝土受弯试件的 M-ε_l 曲线

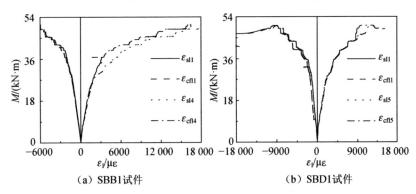

图 3.21 方 CFRP-钢管混凝土受弯试件的 M-ε_l 曲线

5. 平截面假定

图 3.22 和图 3.23 分别为圆 CFRP-钢管混凝土受弯试件和方 CFRP-钢管混凝土受弯试件的 ε_{sl} 沿截面高度的分布，其中 Δ_{cn} 为中和轴到形心轴的距离。

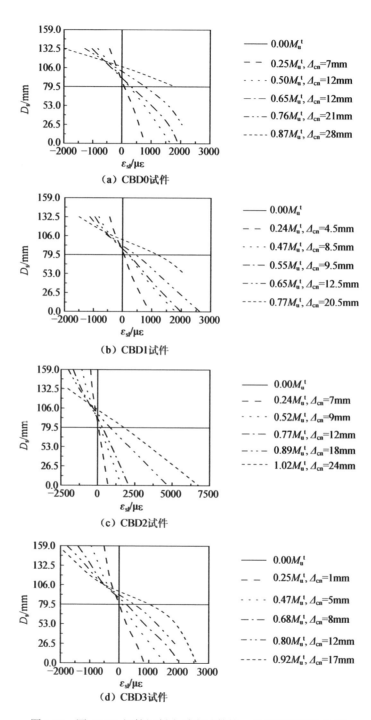

（a）CBD0试件

（b）CBD1试件

（c）CBD2试件

（d）CBD3试件

图 3.22　圆 CFRP-钢管混凝土受弯试件的 ε_{sl} 沿截面高度的分布

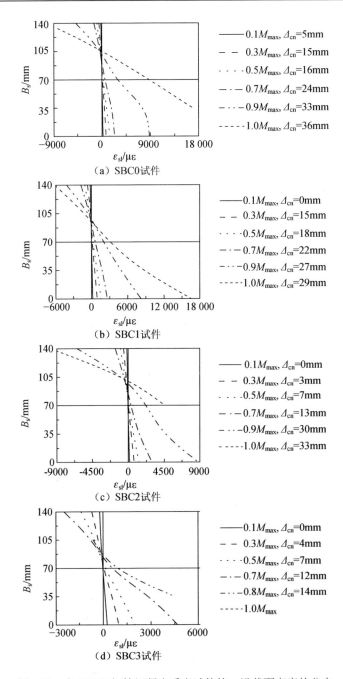

图 3.23　方 CFRP-钢管混凝土受弯试件的 ε_{sl} 沿截面高度的分布

可见，ε_{sl} 沿截面高度的分布基本符合平截面假定，并且随着弯矩的增大，中和轴逐渐向受压区移动。

6. 钢管的纵向应变与横向应变的对比

图 3.24 和图 3.25 分别为圆 CFRP-钢管混凝土受弯试件和方 CFRP-钢管混凝土受弯试件的 M-ε_s 曲线。可见，同一点的 ε_{sl} 和 ε_{st} 异号：如果纵向受拉则横向受压，即钢管横向并非处处受拉。分析原因如下：对于纵向受压的钢管，该处的混凝土也受压，需要钢管给其提供足够的约束力，因此，钢管横向受拉；而对于纵向受拉的钢管，该处的混凝土也受拉，钢管不必为混凝土提供约束力，而只产生相应于纵向受拉的变形——横向收缩，表现为该处的钢管横向受压。

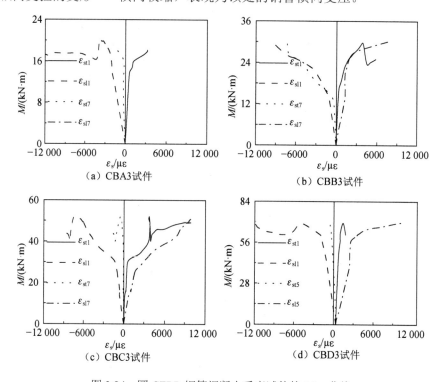

图 3.24　圆 CFRP-钢管混凝土受弯试件的 M-ε_s 曲线

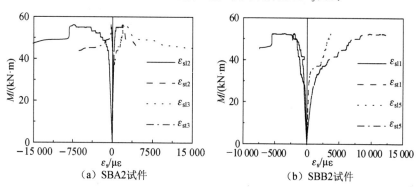

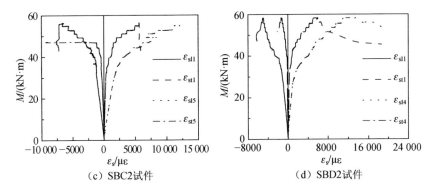

（c）SBC2试件　　　　　　　（d）SBD2试件

图 3.25　方 CFRP-钢管混凝土受弯试件的 M-ε_s 曲线

3.2　有限元模拟

3.2.1　材料的应力-应变关系

在 CFRP-钢管混凝土受弯试件有限元模拟时采用的钢材、混凝土和横向 CFRP 的应力-应变关系与轴压短柱采用的相同。纵向 CFRP 只承受纤维方向的拉应力，其他方向的应力值设为 1/1000MPa，在断裂前满足胡克定律为

$$\sigma_\mathrm{cfl}=E_\mathrm{cf}\varepsilon_\mathrm{cfl} \tag{3.3}$$

式中：σ_cfl 为纵向 CFRP 的应力，最大的 σ_cfl 即为 f_cfl。

横向 CFRP 达到其断裂应变 $\varepsilon_\mathrm{cftr}$（圆试件 5500με，方试件 3000με）时、纵向 CFRP 达到其断裂应变 $\varepsilon_\mathrm{cflr}$（10 000με）时均失效。

需要指出的是，对于方 CFRP-钢管混凝土弯角处的横向 CFRP，ϕ_cf（CFRP 所处位置的曲率）约为 120m^{-1}，$\varepsilon_\mathrm{cftr}$=3000με；对于圆 CFRP-钢管混凝土的横向 CFRP，ϕ_cf=12.5～22.5m^{-1}，$\varepsilon_\mathrm{cftr}$=5500με；对于圆 CFRP-钢管混凝土受弯试件的纵向 CFRP，ϕ_cf=0.1～0.2m^{-1}，$\varepsilon_\mathrm{cflr}$=10 000με；而对于材性试验的 CFRP，$\phi_\mathrm{cf}$=0，$\delta_\mathrm{cf}$=2.02%=20 200με，如图 3.26 所示，其中 ε_r 为 CFRP 的断裂应变。这说明随着 ϕ_cf 的增大 ε_r 有减小的趋势。后文的有限元模拟采用上述实测的 CFRP 的断裂应变。

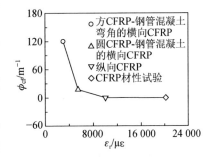

图 3.26　CFRP 的 ϕ_cf-ε_r 曲线

3.2.2　有限元计算模型

CFRP-钢管混凝土受弯构件有限元模拟时的单元选取、网格划分和界面模型

的处理方法与轴压短柱的一致。根据构件几何形状和边界条件的对称性，取实际构件的1/4计算，在计算模型的对称面上施加对称的约束条件。边界条件模拟了试验中的三分点加载方式，在支座位置约束竖直方向的位移。采用增量迭代法求解，位移加载。图3.27为方CFRP-钢管混凝土受弯试件有限元模拟的边界条件。

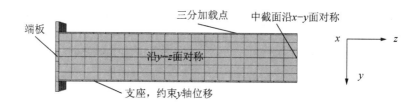

图3.27　方CFRP-钢管混凝土受弯试件有限元模拟的边界条件

3.2.3　模拟结果与试验结果的比较

1. M-ϕ曲线

图3.28和图3.29分别为圆CFRP-钢管混凝土受弯试件和方CFRP-钢管混凝土受弯试件的 M-ϕ曲线模拟结果与试验结果比较。可见，模拟结果与试验结果吻合良好。

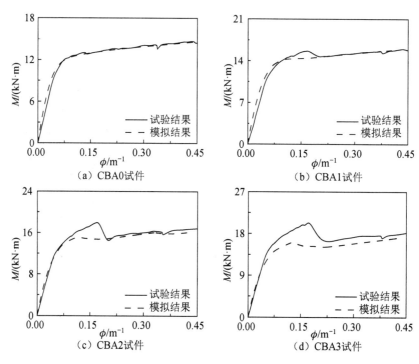

（a）CBA0试件

（b）CBA1试件

（c）CBA2试件

（d）CBA3试件

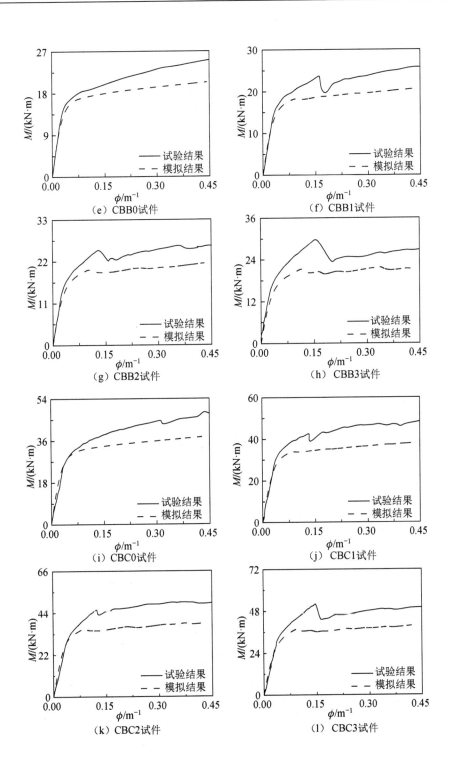

（e）CBB0试件

（f）CBB1试件

（g）CBB2试件

（h）CBB3试件

（i）CBC0试件

（j）CBC1试件

（k）CBC2试件

（l）CBC3试件

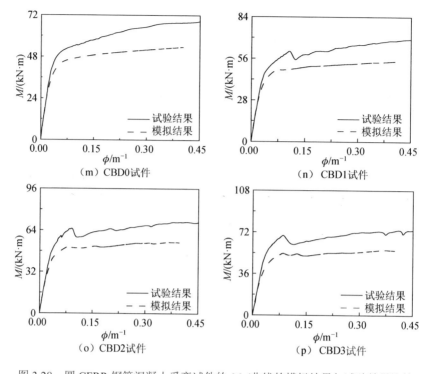

图 3.28　圆 CFRP-钢管混凝土受弯试件的 M-ϕ 曲线的模拟结果与试验结果比较

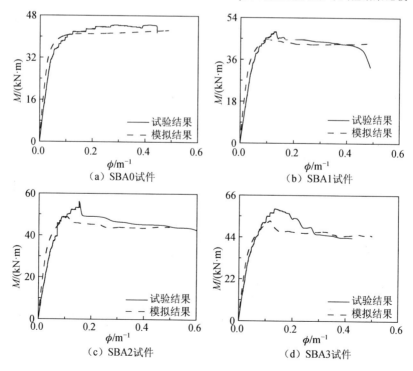

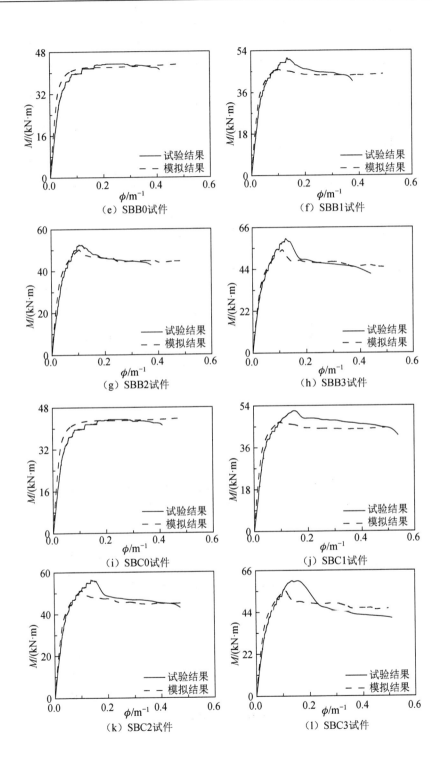

（e）SBB0试件

（f）SBB1试件

（g）SBB2试件

（h）SBB3试件

（i）SBC0试件

（j）SBC1试件

（k）SBC2试件

（l）SBC3试件

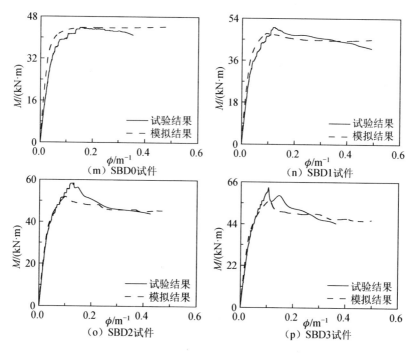

图 3.29　方 CFRP-钢管混凝土受弯试件的 M-ϕ 曲线的模拟结果与试验结果的比较

2. 变形模态

图 3.30 和图 3.31 分别为圆 CFRP-钢管混凝土受弯试件和方 CFRP-钢管混凝土受弯试件的变形模态。可见，模拟结果与试验结果吻合良好。

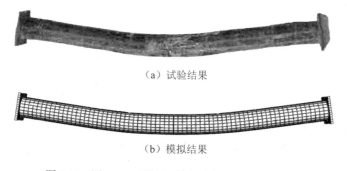

图 3.30　圆 CFRP-钢管混凝土受弯试件的变形模态

（a）试验结果

（b）模拟结果

图 3.31　方 CFRP-钢管混凝土受弯试件的变形模态

3. 挠曲线

图 3.32 为 SBA2 试件的挠度（u）曲线模拟结果（粗线）与试验结果（细线）的比较。可见，模拟结果与试验结果吻合良好。

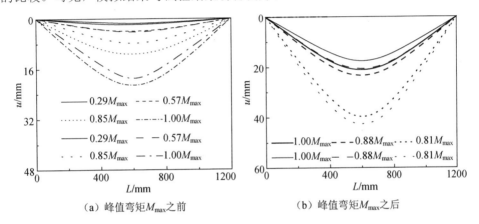

（a）峰值弯矩 M_{max} 之前　　　　　　　　　（b）峰值弯矩 M_{max} 之后

图 3.32　SBA2 试件的挠曲线的模拟结果与试验结果的比较

4. 钢管应变

图 3.33 为 SBC3 试件的钢管应变的模拟结果（粗线）与试验结果（细线）的比较。可见，模拟结果与试验结果吻合良好。

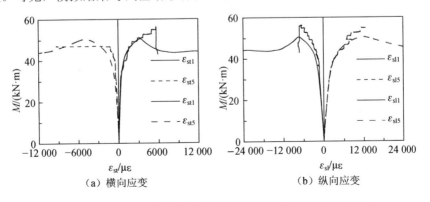

（a）横向应变　　　　　　　　　　　　　（b）纵向应变

图 3.33　SBC3 试件的钢管应变的模拟结果与试验结果的比较

3.3   受力全过程分析

图 3.34 为 CFRP-钢管混凝土受弯构件典型的 M-ϕ 曲线。对于圆 CFRP-钢管混凝土受弯构件选取 3 个特征点：1 点对应最外边缘受拉钢管应力达到比例极限，2 点对应纵向 CFRP 断裂，3 点对应中截面挠度 u_m 约为 $L/25$；对于方 CFRP-钢管混凝土受弯构件选取 4 个特征点：1 点对应最外边缘受拉钢管应力达到比例极限，2 点对应纵向 CFRP 断裂；3 点对应横向 CFRP 断裂，4 点对应中截面挠度 u_m 约为 $L/25$。

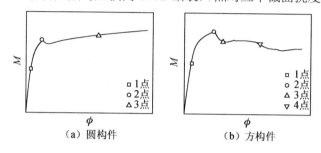

图 3.34   CFRP-钢管混凝土受弯构件典型的 M-ϕ 曲线

通过各特征点处构件的应变和应力状态来分析其在整个受力过程中的工作机理。计算参数：D_s=400mm、t_s=9.31mm、L=4000mm、f_y=345MPa、f_{cu}=60MPa、ξ_{cf}=0.115、ξ_s=0.86、η=0.13、E_s=206GPa、v_s=0.3、E_c=4700 $f_c'^{0.5}$MPa 和 v_c=0.2（圆构件）；B_s=140mm、t_s=3.5mm、L=1200mm、f_y=300MPa、f_{cu}=40MPa、ξ_{cf}=0.18、ξ_s=1.23、η=0.985、E_s=206GPa、v_s=0.3、E_c=4700 $f_c'^{0.5}$MPa 和 v_c=0.2 （方构件）。

3.3.1   应力分析

1. 钢管的纵向应力

图 3.35 为方 CFRP-钢管混凝土受弯构件钢管的纵向应力分布。可见，钢管纵向应力沿截面高度由压应力区逐渐过渡到拉应力区，构件的最大压应力与最大拉应力分别在最上外边缘和最下外边缘；纯弯段的纵向应力分布更均匀。

2. 混凝土的应力

图 3.36 为圆 CFRP-钢管混凝土受弯构件混凝土的纵向应力分布。可见，纯弯段的纵向应力分布均匀，截面上最大的纵向应力在距离中和轴最远的位置。

图 3.37 为圆 CFRP-钢管混凝土受弯构件中截面混凝土的纵向应力分布。可见，在弹性阶段（1 点之前）：钢管和 CFRP 均处于弹性阶段，受压区混凝土最大纵向应力值小于 f_c'；弹塑性阶段（1 点～2 点）：随着荷载的增加，受弯构件超过弹性阶段，在 2 点纵向 CFRP 断裂，受压区混凝土最大纵向应力值接近 f_c'；下降阶段（2 点～3 点）：随着挠度的继续增加，钢管的纵向应力值进一步增大，受拉区混凝土面积增大，

在 3 点，钢管纵向应变超过 10 000με，受压区混凝土最大纵向应力值超过 f_c'。

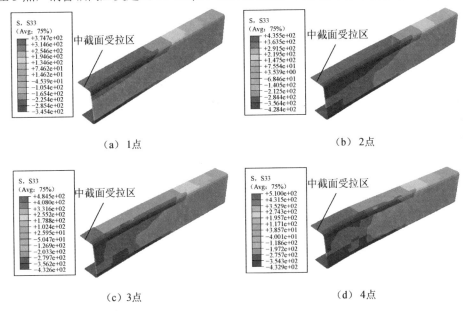

图 3.35 方 CFRP-钢管混凝土受弯构件钢管的纵向应力分布

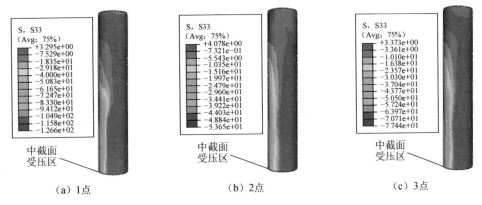

图 3.36 圆 CFRP-钢管混凝土受弯构件混凝土的纵向应力分布

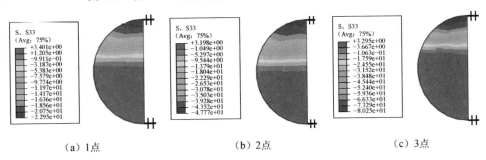

图 3.37 圆 CFRP-钢管混凝土受弯构件中截面混凝土的纵向应力分布

图 3.38 为在弹塑性阶段（1 点～2 点，曲率达到 2 倍的 1 点对应的曲率）时 η 对受弯构件中截面混凝土纵向应力分布的影响。可见，随着 η 的增大，混凝土受压区纵向应力值有所增加。

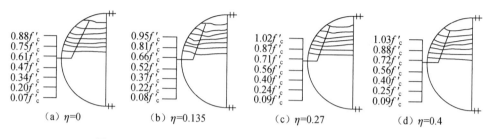

图 3.38　弹塑性阶段 η 对中截面混凝土纵向应力分布的影响

图 3.39 为方 CFRP-钢管混凝土受弯构件中截面混凝土的纵向应力分布。可见，相对于压应力的变化（$2.1\sim5.1f_c$，其中 f_c 为混凝土抗压强度设计值），拉应力的变化并不显著（$1.34\sim1.73f_t$，其中 f_t 为混凝土抗拉强度设计值）。这能够合理解释混凝土的破坏模态，即中截面纵向受压区混凝土被压溃，受拉区出现细而密的裂缝。

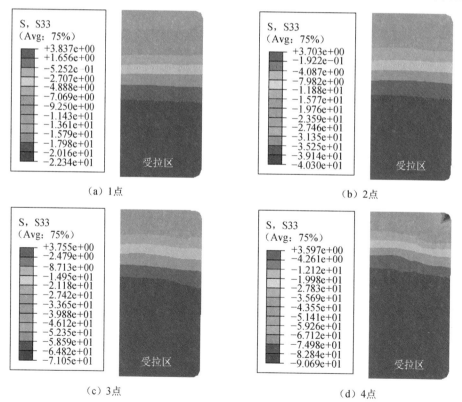

图 3.39　方 CFRP-钢管混凝土受弯构件中截面混凝土的纵向应力分布

图 3.40 为方 CFRP-钢管混凝土受弯构件混凝土的纵向应力分布。可见，混凝土的纵向应力沿构件长度的分布类似于钢管的，不同之处在于，纯弯段内混凝土压应力分布不够均匀，且当构件进入破坏阶段（2 点）后，压应力分布更加不均匀，表现为中截面受压区混凝土压应力高于其他部位，这与试验现象符合。

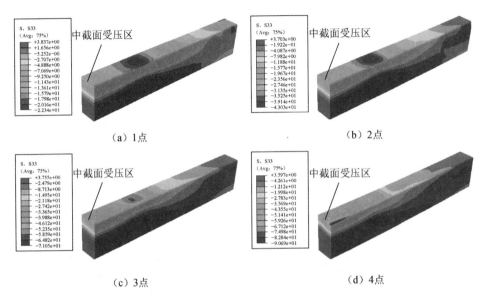

图 3.40　方 CFRP-钢管混凝土受弯构件混凝土的纵向应力分布

3. CFRP 的应力

图 3.41 为方 CFRP-钢管混凝土受弯构件横向 CFRP 的应力分布。可见，横向 CFRP 为混凝土提供约束力，且在纯弯段最大；拉应力值在 2 点出现极值，然后逐渐减小，最终从弯角处开始断裂，这也与试验现象一致。对于其他区域，横向 CFRP 在纯弯段为构件提供了更大的约束力。

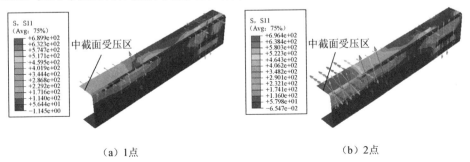

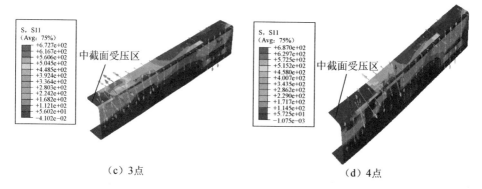

（c）3点　　　　　　　　　（d）4点

图 3.41　方 CFRP-钢管混凝土受弯构件横向 CFRP 的应力分布

图 3.42 为方 CFRP-钢管混凝土受弯构件纵向 CFRP 的应力分布。可见，纵向 CFRP 在构件的长度方向限制构件的变形，且在纯弯段发挥着最大的效能；在荷载达到峰值弯矩时（2 点），中截面 CFRP 纵向应力达到最大值，随着变形的继续增加，中截面 CFRP 逐渐断裂、失效，并向构件两端发展。

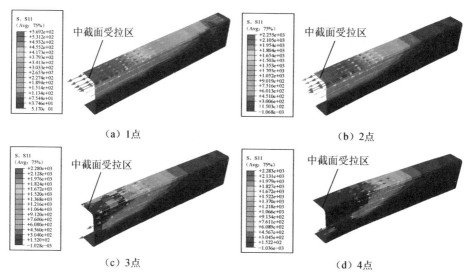

（a）1点　　　　　　　　　（b）2点

（c）3点　　　　　　　　　（d）4点

图 3.42　方 CFRP-钢管混凝土受弯构件纵向 CFRP 的应力分布

3.3.2　应变/变形分析

1. 圆 CFRP-钢管混凝土受弯构件

图 3.43 为圆 CFRP-钢管混凝土受弯构件中截面混凝土的纵向应变分布。可见，随着中截面曲率的不断增加，中和轴受压区逐渐移动，这也与试验现象一致。图 3.44 为在弹塑性阶段（1～2 点，荷载达到 1.5 倍 1 点对应的荷载）η 对圆 CFRP-

钢管混凝土受弯构件中截面中和轴位置的影响。可见，随着 η 的增加，受弯构件中截面的中和轴向混凝土受拉区有微小的移动。

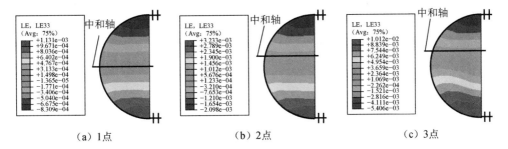

(a) 1点　　　　　　(b) 2点　　　　　　(c) 3点

图 3.43　圆 CFRP-钢管混凝土受弯构件中截面混凝土的纵向应变分布

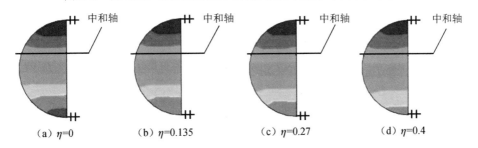

(a) $\eta=0$　　　(b) $\eta=0.135$　　　(c) $\eta=0.27$　　　(d) $\eta=0.4$

图 3.44　弹塑性阶段 η 对圆 CFRP-钢管混凝土受弯构件中截面中和轴位置的影响

2. 方 CFRP-钢管混凝土受弯构件

图 3.45 为方 CFRP-钢管混凝土受弯构件中截面混凝土的纵向应变分布。可见，随着中截面挠度的不断增加，中和轴逐渐向受压区移动，这也与实验现象一致。图 3.46 为方 CFRP-钢管混凝土受弯构件中截面横向变形（d），负值代表凹进，正值代表凸出。可见，随着荷载的不断增加，纵向受压区的凸出和纵向受拉区的凹进持续增大。从受荷初始至 3 点时，横向变形还不大，4 点后横向变形显著增加。

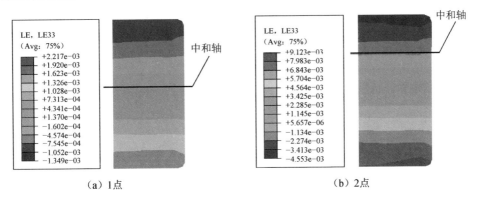

(a) 1点　　　　　　(b) 2点

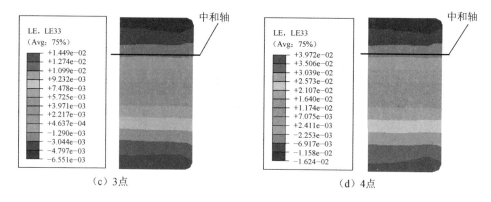

图 3.45　方 CFRP-钢管混凝土受弯构件中截面混凝土的纵向应变分布

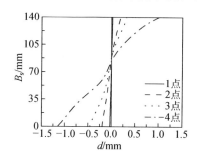

图 3.46　方 CFRP-钢管混凝土受弯构件中截面的横向变形

3.4　理　论　分　析

3.4.1　外管与混凝土的相互作用力分析

1. 圆 CFRP-钢管混凝土受弯构件

图 3.47 为圆 CFRP-钢管混凝土受弯构件中截面混凝土与钢管的相互作用力(p)分布。可见,在受拉区钢管与混凝土也存在相互作用力且数值较大,但其与受压区的相互作用力(外管对混凝土的约束力)有本质区别:在受压区,钢管限制混凝土的横向膨胀,由此产生约束力;在受拉区,钢管纵向受拉、横向收缩,混凝土横向也收缩,但混凝土的横向变形要比钢管的小得多(特别是混凝土开裂后),因此限制钢管的横向变形,由此产生相互作用力,但此力并非约束力。

2. 方 CFRP-钢管混凝土受弯构件

1)纯弯段

图 3.48 为方 CFRP-钢管混凝土受弯构件纯弯曲段外管和混凝土的相互作用力(p)沿构件截面高度的分布,0mm 处为受拉区下截面边缘,140mm 处为受压区

上截面边缘。可见，受压区和受拉区的钢管与混凝土的相互作用力集中分布在构件的弯角处，且在截面中部向两端 $B_s/4$ 的范围内基本没有作用力。

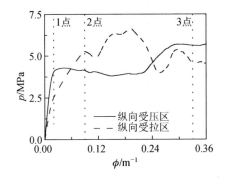

图 3.47 圆 CFRP-钢管混凝土受弯构件中截面 p 的分布

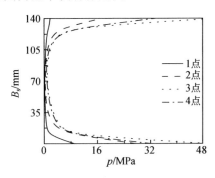

图 3.48 方 CFRP-钢管混凝土受弯构件纯弯曲段 p 沿构件截面高度的分布

图 3.49 为方 CFRP-钢管混凝土受弯构件纯弯段钢管与混凝土的相互作用力 p 沿边长的分布。可见，对于受压区，各特征点处约束力普遍较小，但在同一特征点约束力为角部最大，这也解释了试验现象之一：横向 CFRP 总是在角部被拉断。当构件产生较小变形时，即 3 点，相应的约束力达到最大值；当构件产生较大变形时，即 4 点，此时构件的破坏变形严重，约束力降低。受拉区的作用力稍大于受压区，分布规律与变化趋势与受压区的也基本相同。

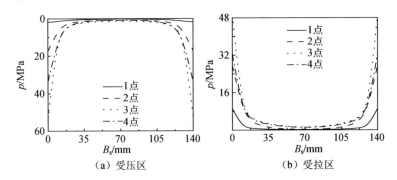

（a）受压区　　　　　　　　（b）受拉区

图 3.49 方 CFRP-钢管混凝土受弯构件纯弯段 p 沿边长的分布

2）弯剪段

图 3.50 为方 CFRP-钢管混凝土受弯构件弯剪段 p 沿截面高度的分布。可见，与纯弯段相比，弯剪段在受压区的作用力大于受拉区的。

图 3.51 为方 CFRP-钢管混凝土受弯构件弯剪段 p 沿边长的分布。可见，相互作用力的分布主要集中在受压区，且数值除弯角处外与中截面受压区相近，而受拉区的相互作用力始终很小。

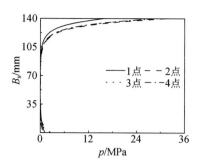

图 3.50　方 CFRP-钢管混凝土受弯构件

弯剪段 p 沿截面高度的分布

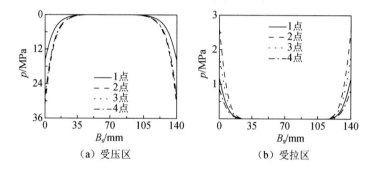

（a）受压区　　　　　　　　　（b）受拉区

图 3.51　方 CFRP-钢管混凝土受弯构件弯剪段 p 沿边长的分布

3.4.2　钢管与混凝土之间黏结强度的影响

图 3.52 为黏结强度（μ）对 CFRP-钢管混凝土受弯构件 M-u_m 曲线的影响。可见，黏结强度对构件的承载力和弹性阶段的刚度基本没有影响。

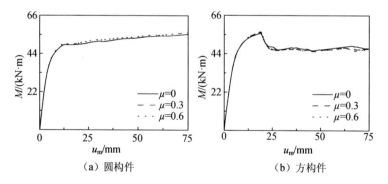

（a）圆构件　　　　　　　　　（b）方构件

图 3.52　黏结强度（μ）对 CFRP-钢管混凝土受弯构件 M-u_m 曲线的影响

图 3.53 为黏结强度对方 CFRP-钢管混凝土受弯构件 p-u_m 曲线的影响，为便于比较，取试件受压区和受拉区的平均相互作用力作比较。可见，不同黏结强度下试件的平均相互作用力不同：随着黏结强度的增加，无论是受压区还是受拉区，

作用力均降低。

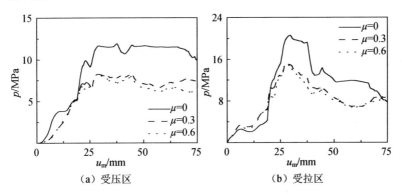

(a) 受压区　　　　　　　(b) 受拉区

图 3.53　黏结强度对方 CFRP-钢管混凝土受弯构件 p-u_m 曲线的影响

3.5　参　数　分　析

影响 CFRP-钢管混凝土受弯构件的 M-ϕ 曲线的可能参数有 CFRP 层数、钢材屈服强度、混凝土强度和含钢率等。下面采用典型算例来分析上述参数对 CFRP-钢管混凝土受弯构件 M-ϕ 曲线的影响。

1. 纵向 CFRP 层数的影响

图 3.54 为纵向 CFRP 层数 m_l 对 CFRP-钢管混凝土受弯构件 M-ϕ 曲线的影响。可见，随着 m_l 的增多，曲线的整体形状和弹性阶段的刚度变化不大，但承载力有一定提高；M-ϕ 曲线达到峰值点后的突降幅度随着 m_l 的增加而增大。

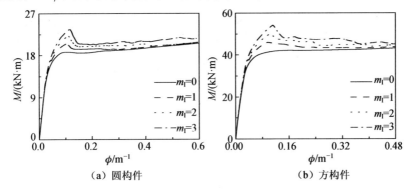

(a) 圆构件　　　　　　　(b) 方构件

图 3.54　m_l 对 CFRP-钢管混凝土受弯构件 M-ϕ 曲线的影响

2. 横向 CFRP 层数的影响

图 3.55 为横向 CFRP 层数 m_t 对 CFRP-钢管混凝土受弯构件 M-ϕ 曲线的影响。

可见，随着 m_t 的增多，曲线的形状和弹性阶段的刚度基本不变，构件的承载力略有提高。

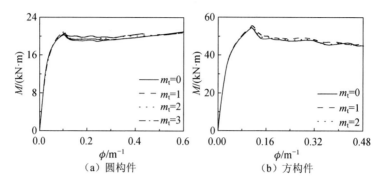

（a）圆构件　　　　　　　　（b）方构件

图 3.55　m_t 对 CFRP-钢管混凝土受弯构件 M-ϕ 曲线的影响

3. 钢材屈服强度的影响

图 3.56 为钢材屈服强度 f_y 对 CFRP-钢管混凝土受弯构件 M-ϕ 曲线的影响。可见，随着 f_y 的增加，曲线的形状基本不变，弹性阶段的刚度略有提高，构件的承载力显著提高。

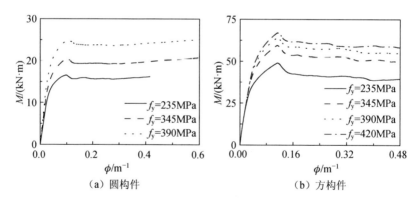

（a）圆构件　　　　　　　　（b）方构件

图 3.56　f_y 对 CFRP-钢管混凝土受弯构件 M-ϕ 曲线的影响

4. 混凝土强度的影响

图 3.57 为混凝土强度对 CFRP-钢管混凝土受弯构件 M-ϕ 曲线的影响。可见，随着 f_{cu} 增加，仅承载力略有提高，曲线的形状和弹性阶段的刚度变化不大。

5. 含钢率的影响

图 3.58 为含钢率对 CFRP-钢管混凝土受弯构件 M-ϕ 曲线的影响。可见，随着 α 的提高，承载力显著提高，弹性阶段刚度略有提高，曲线的形状基本不变。

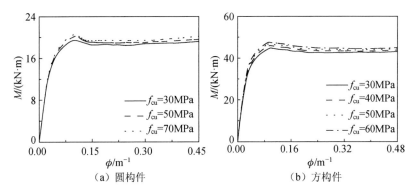

图 3.57 f_{cu} 对 CFRP-钢管混凝土受弯构件 M-ϕ 曲线的影响

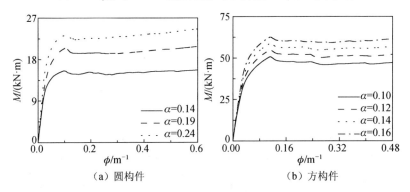

图 3.58 α 对 CFRP-钢管混凝土受弯构件 M-ϕ 曲线的影响

3.6 抗弯承载力

1. 抗弯承载力的定义

为了合理确定 CFRP-钢管混凝土受弯构件的抗弯承载力，对 M-ϕ 曲线进行了大量计算，计算参数（适用范围）：f_y=235～390MPa、f_{cu}=30～120MPa、ξ_s=0.2～4、ξ_{cf}=0～0.6、η=0～0.9、E_s=206GPa、v_s=0.3、v_c=0.2 和 E_c=4700$f_c'^{0.5}$（圆构件）；B_s=120～400mm、f_y=200～400MPa、f_{cu}=30～120MPa、ξ_s=0.5～4、ξ_{cf}=0～0.6、η=0～1、E_s=206GPa、v_s=0.3、v_c=0.2 和 E_c=4700$f_c'^{0.5}$（方构件），发现可以定义 CFRP-钢管混凝土受弯构件受拉区最外纤维应变达到ε_{max}时对应的弯矩为抗弯承载力，即

圆构件：

$$\varepsilon_{max}=2837+166\,800/D_s \tag{3.4a}$$

方构件：

$$\varepsilon_{max}=2180+224\,000/B_s \tag{3.4b}$$

式中：D_s 和 B_s 以 mm 计。

$\varepsilon_{\max}$ 确定依据如下：对于钢管混凝土取钢管最大纤维应变达到 10 000με 时的弯矩为抗弯承载力[36]，但对于 CFRP-钢管混凝土受弯构件钢管最大纤维应变达到 10 000με 时纵向 CFRP 就已经断裂，此时观察构件的 M-ϕ 曲线可以看到，曲线已基本达到峰值弯矩，因此采用钢管混凝土构件的应变指标偏于不安全。如果取弹性阶段时的应变对应的弯矩为抗弯承载力则偏于保守。按照式（3.4）确定的 $\varepsilon_{\max}$ 处于 M-ϕ 曲线弹性阶段与峰值弯矩之间的强化段，并且钢管达到屈服强度，而纵向 CFRP 尚未断裂，挠度约为 $L/100$。

2. 抗弯承载力计算表达式

首先确定仅有横向 CFRP 的 CFRP-钢管混凝土的抗弯承载力 M_0。通过分析可知，M_0 主要和构件截面抗弯模量（圆构件：$W_{cfscm}=\pi D_s^3/32$、方构件 $W_{cfscm}=B_s^3/6$）、总约束系数 ξ 和 CFRP-钢管混凝土轴压强度 f_{cfscy} 有关。通过大量计算获得 $\gamma=M_0/(W_{cfscm}f_{cfscy})$ 与 ξ 之间的关系如图 3.59 所示。

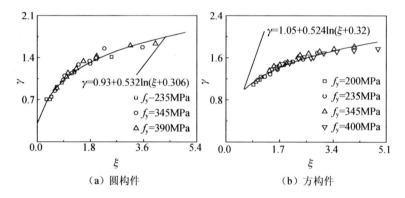

图 3.59 CFRP-钢管混凝土受弯构件的 γ-ξ 曲线

γ 与 ξ 之间关系的表达式如下。
圆构件：

$$\gamma=0.93+0.532\ln(\xi+0.306) \tag{3.5a}$$

方构件：

$$\gamma=1.05+0.524\ln(\xi+0.32) \tag{3.5b}$$

这样，

$$M_0=\gamma W_{cfscm} f_{cfscy} \tag{3.6}$$

当构件既有横向 CFRP 又有纵向 CFRP 时，通过计算，可得 $\gamma_m=M_u/(W_{cfscm}f_{cfscy})$ 与 η 之间的关系如下。
圆构件：

$$\gamma_m=\gamma+(0.3+0.2\xi)\eta \tag{3.7a}$$

方构件：

$$\gamma_m=\gamma+(0.1+0.2\xi)\eta \tag{3.7b}$$

则 CFRP-钢管混凝土抗弯承载力 M_u 的计算式为

$$M_u=\gamma_m W_{cfscm} f_{cfscy} \tag{3.8}$$

3. 表达式的验证

图 3.60 为抗弯承载力计算值 M_u^c 与试验值 M_u^t 的比较。圆试件的 M_u^c/M_u^t 的平均值为 0.96，均方差为 0.07；方试件的 M_u^c/M_u^t 的平均值为 0.974，均方差为 0.064。可见，计算结果与试验结果吻合良好。

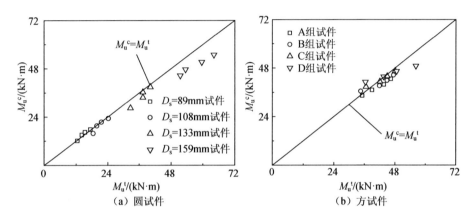

图 3.60　CFRP-钢管混凝土受弯试件的 M_u^c 与 M_u^t 的比较

4. 抗弯承载力的提高率

图 3.61 为 CFRP-钢管混凝土受弯试件的 r-m_l 曲线。可见，r 随着 m_l 的增大而近似线性增大。

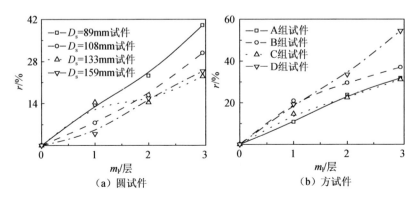

图 3.61　CFRP-钢管混凝土受弯构件的 r-m_l 曲线

3.7 本 章 小 结

基于本章的研究可以得到以下结论：

（1）CFRP-钢管混凝土受弯试件的弯矩-曲率曲线可以划分为弹性阶段、弹塑性阶段和软化阶段，此后的曲线与相应的钢管混凝土受弯试件的曲线类似；试件的挠曲线基本为正弦半波曲线；钢管和 CFRP 管在横向和纵向都可以协同工作；横向应变分布不均匀，同一点的纵向应变和横向应变异号，纵向受拉的钢管对混凝土没有约束作用；试件纵向应变沿截面高度的分布基本符合平截面假定。

（2）应用 ABAQUS 模拟了 CFRP-钢管混凝土受弯构件的破坏模态和弯矩-曲率曲线、挠度和应变，模拟结果与试验结果吻合良好。对钢管、混凝土和 CFRP 的应力和应变等的分析结果均能解释试验现象。在受拉区和受压区外管与混凝土都存在较大的相互作用力，但两者有本质区别；方构件钢管与混凝土的相互作用力集中分布在弯角处，平板区域的数值相对很小。

（3）黏结强度对圆 CFRP-钢管混凝土受弯构件的中截面弯矩-挠度曲线几乎没有影响；黏结强度对方 CFRP-钢管混凝土受弯构件的中截面弯矩-曲率曲线基本没有影响，而随着黏结力的从无到有，外管与混凝土的相互作用力显著降低。

（4）参数分析的结果表明，纵向 CFRP 层数和横向 CFRP 层数的增多以及混凝土强度的提高可以使抗弯承载力略有提高，对弹性阶段的刚度影响不大，而钢材屈服强度和含钢率的提高不但可以显著提高抗弯承载力，还可以使弹性阶段的刚度略有提高，且上述 5 个参数的改变不会影响 CFRP-钢管混凝土受弯构件的荷载-变形曲线的形状。

（5）给出了 CFRP-钢管混凝土的抗弯承载力计算表达式，应用该式的计算结果与试验结果吻合良好。

4 CFRP-钢管混凝土的稳定性能

第 2 章介绍了 CFRP-钢管混凝土轴压短柱的静力性能，而在工程实践中，应用较多的是较大长细比的构件。对于轴压短柱，由于构件较短，其不具备受压弯曲的条件。对于 $L/D>3$（圆截面）或者 $L/B>3$（方截面）的管体内填混凝土，由于构件较长，而结构用构件总存在一些不足，例如几何缺陷、物理缺陷和不能绝对对中等，其即使在轴心压力的作用下也会发生压屈效应。此时构件的承载力不仅仅取决于材料强度和材料间的组合效应，还取决于稳定性能，因此，有必要研究 CFRP-钢管混凝土中长柱在轴压力作用下的稳定性能。

为了了解 CFRP-钢管混凝土轴压中长柱的稳定性能，本书作者分别进行了 32 个圆 CFRP-钢管混凝土轴压中长柱[118-121]和 24 个方 CFRP-钢管混凝土轴压中长柱[122-125]的静力试验，试件上同时粘贴横向 CFRP 和纵向 CFRP。对试件的中截面荷载-挠度（N-u_m）曲线的特点、长细比对破坏模态的影响、钢管应变的分布规律、钢管与 CFRP 的协同工作和平截面假定等进行了探讨；应用 ABAQUS 模拟了试件的 N-u_m 曲线和变形模态等；以上述研究为基础，对构件的各组成材料的应力分布、外管与混凝土的相互作用力以及黏结强度对试件静力性能的影响等进行了受力全过程和理论分析；探讨了长细比、CFRP 层数、钢材屈服强度、混凝土强度和含钢率等对构件静力性能的影响；基于性能分析，给出了 CFRP-钢管混凝土轴压中长柱稳定承载力的计算表达式，应用该式可以合理计算 CFRP-钢管混凝土的稳定承载力。

4.1　试　验　研　究

4.1.1　试件的设计与材料性能

1. 试件的设计

1）圆 CFRP-钢管混凝土轴压中长柱

本书作者进行了 32 个圆 CFRP-钢管混凝土轴压中长柱的静力性能试验，主要参数包括长细比 λ 和纵向 CFRP 增强系数 η，其中，

$$\lambda = \frac{4L}{D_\mathrm{s}} \tag{4.1a}$$

钢管的外径 D_s 均为 133mm，横向 CFRP 的层数 m_t 均为 1。其他参数见表 4.1。

表 4.1　圆 CFRP-钢管混凝土轴压中长柱的参数

序号	编号	L/mm	λ	m_l/层	η	t_s/mm	f_{ck}/MPa	E_c/GPa	$N_{u,cr}^t$/kN
1	CCA0	400	12	0	0	5	40	36.4	2086
2	CCA1	400	12	1	0.135	5	40	36.4	2118
3	CCA2	400	12	2	0.27	5	40	36.4	2120
4	CCA3	400	12	3	0.4	5	40	36.4	2206
5	CCB0	530	16	0	0	5	40	36.4	2041
6	CCB1	530	16	1	0.135	5	40	36.4	1948
7	CCB2	530	16	2	0.27	5	40	36.4	2016
8	CCB3	530	16	3	0.4	5	40	36.4	2095
9	CCC0	600	18	0	0	4.5	37	34.9	1722
10	CCC1	600	18	1	0.136	4.5	37	34.9	1756
11	CCC2	600	18	2	0.27	4.5	37	34.9	1831
12	CCC3	600	18	3	0.4	5	40	36.4	2090
13	CCD0	800	24	0	0	4.5	37	34.9	1682
14	CCD1	800	24	1	0.136	4.5	37	34.9	1725
15	CCD2	800	24	2	0.27	4.5	37	34.9	1781
16	CCD3	800	24	3	0.4	5	40	36.4	2035
17	CCE0	1200	36	0	0	4.5	37	34.9	1446
18	CCE1	1200	36	1	0.136	4.5	37	34.9	1500
19	CCE2	1200	36	2	0.27	4.5	37	34.9	1561
20	CCE3	1200	36	3	0.4	5	40	36.4	1914
21	CCF0	1800	54	0	0	4.5	37	34.9	1222
22	CCF1	1800	54	1	0.136	4.5	37	34.9	1282
23	CCF2	1800	54	2	0.27	4.5	37	34.9	1359
24	CCF3	1800	54	3	0.4	5	40	36.4	1704
25	CCG0	2400	72	0	0	5	40	36.4	1388
26	CCG1	2400	72	1	0.135	5	40	36.4	1409
27	CCG2	2400	72	2	0.27	5	40	36.4	1429
28	CCG3	2400	72	3	0.4	5	40	36.4	1613
29	CCH0	3000	90	0	0	5	40	36.4	1296
30	CCH1	3000	90	1	0.135	5	40	36.4	1175
31	CCH2	3000	90	2	0.27	5	40	36.4	1244
32	CCH3	3000	90	3	0.4	5	40	36.4	1467

注：编号中的字母"CC"指的是圆柱（circular column）；第三个字母"A、B、C、D、E、F、G、H"指的是其 L 分别为 400mm、530mm、600mm、800mm、1200mm、1800mm、2400mm、3000mm；阿拉伯数字"0、1、2、3"指的是 m_l 的值；$N_{u,cr}^t$ 为 CFRP-钢管混凝土轴压中长柱稳定承载力的试验值。

2）方 CFRP-钢管混凝土轴压中长柱

本书作者进行了 24 个方 CFRP-钢管混凝土轴压中长柱的静力性能试验，主要

参数包括长细比 λ 和纵向 CFRP 增强系数 η，其中，

$$\lambda = 2\sqrt{3}\frac{L}{B_s} \tag{4.1b}$$

钢管的外边长 B_s 均为 140mm，钢管壁厚 t_s 均为 3.5mm，横向 CFRP 层数 m_t 均为 1。其他参数见表 4.2。

表 4.2　方 CFRP-钢管混凝土轴压中长柱的参数

序号	编号	L/mm	λ	m_l/层	η	$N_{u,cr}^t$/kN
1	SCA0	420	10.4	0	0	1365
2	SCA1	420	10.4	1	0.25	1401
3	SCA2	420	10.4	2	0.5	1487
4	SCA3	420	10.4	3	0.75	1512
5	SCB0	630	15.6	0	0	1345
6	SCB1	630	15.6	1	0.25	1397
7	SCB2	630	15.6	2	0.5	1406
8	SCB3	630	15.6	3	0.75	1444
9	SCC0	840	20.8	0	0	1320
10	SCC1	840	20.8	1	0.25	1334
11	SCC2	840	20.8	2	0.5	1377
12	SCC3	840	20.8	3	0.75	1416
13	SCD0	1260	31.2	0	0	1295
14	SCD1	1260	31.2	1	0.25	1308
15	SCD2	1260	31.2	2	0.5	1358
16	SCD3	1260	31.2	3	0.75	1401
17	SCE0	1680	41.6	0	0	1194
18	SCE1	1680	41.6	1	0.25	1243
19	SCE2	1680	41.6	2	0.5	1289
20	SCE3	1680	41.6	3	0.75	1334
21	SCF0	2520	62.4	0	0	1168
22	SCF1	2520	62.4	1	0.25	1240
23	SCF2	2520	62.4	2	0.5	1279
24	SCF3	2520	62.4	3	0.75	1330

注：编号中的字母"SC"指的是方柱（square column）；第三个字母"A、B、C、D、E、F"指的是其 L 分别为 420mm、630mm、840mm、1260mm、1680mm、2520mm；阿拉伯数字"0、1、2、3"指的是 m_l 的值。

2. 材料性能

圆 CFRP-钢管混凝土轴压中长柱所用钢管的 f_y、f_u、E_s 和 ν_s 等指标如表 4.3 所示，所用的混凝土的指标如表 4.1 所示。方 CFRP-钢管混凝土轴压中长柱所用的钢管和碳纤维布与方 CFRP-钢管混凝土轴压短柱的相同，所用的混凝土为方

CFRP-钢管混凝土轴压短柱所用的 C 组混凝土。

表 4.3　圆 CFRP-钢管混凝土轴压中长柱所用的钢管的性能

t_s/mm	f_y/MPa	f_u/MPa	E_s/GPa	v_s
5	303	465	204	0.26
4.5	333	474	206	0.27

4.1.2　加载与测量

1. 加载

CFRP-钢管混凝土轴压中长柱的静力试验在 5000kN 压力机上进行,试件两端铰接,加载全貌如图 4.1 所示。

（a）圆试件　　　　　　　　　　（b）方试件

图 4.1　CFRP-钢管混凝土轴压中长柱的加载全貌

试验采用分级加载制,在弹性范围内每级加载为估算承载力的 1/10,于每级加载后记录仪表读数,持载 2min 后再进行下一级加载。当荷载达到大约 60%估算承载力后,每级加载减为估算承载力的 1/15～1/20。临近估算承载力则级差更小,峰值荷载(承载力)之后采用位移控制加载,直至中截面挠度达到大约 $L/25$ 时结束。估算 CFRP-钢管混凝土轴压中长柱承载力的方法与估算 CFRP-钢管混凝土受弯试件的承载力的方法类似。

2. 测量

在弯曲平面内沿试件高度等间距布置 3～5 个(视试件高度不同而异)位移计

以测量侧向挠度；CFRP-钢管混凝土轴压中长柱的应变片的布置与 CFRP-钢管混凝土受弯试件的应变片的布置相同。

4.1.3 试验现象

1. 圆 CFRP-钢管混凝土轴压中长柱

长细比对试件的破坏有显著的影响。对于长细比较小的试件，当荷载达到承载力（$N_{u,cr}^t$）的大约 85%时，纵向受压区中截面的横向 CFRP 开始断裂并随着荷载的增大而逐渐增多［图 4.2（a）］，当荷载达到 $N_{u,cr}^t$，纵向受拉区中截面纵向 CFRP（如果有）一般不断裂，试件一般出现局部外凸，表现出强度破坏的特征。对于长细比较大的试件，荷载达到 $N_{u,cr}^t$ 以后，纵向受压区中截面横向 CFRP 开始断裂，随着挠度的增加，纵向受拉区中截面纵向 CFRP（如果有）开始断裂并逐渐增多［图 4.2（b）］，直到试件破坏。钢管没有外凸，表现出失稳破坏的特征。

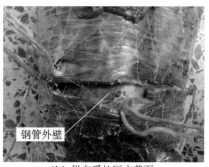

（a）纵向受压区中截面　　　　　（b）纵向受拉区中截面

图 4.2　圆 CFRP-钢管混凝土轴压中长柱 CFRP 的断裂

图 4.3 为加载后的全部圆 CFRP-钢管混凝土轴压中长柱。

（a）m_l=0 试件　　　　　（b）m_l=1 试件

（c）m_l=2 试件　　　　　　　　　　　（d）m_l=3 试件

图 4.3　加载后的全部圆 CFRP-钢管混凝土轴压中长柱

　　将加载完的圆试件的外部 CFRP-钢管剖开后，可见混凝土分受压区和受拉区两部分。长细比越小的试件，混凝土破坏得越严重，表现为受压区混凝土被压溃 [图 4.4（a）]，受拉区裂缝较宽且间距较小 [图 4.4（b）]；长细比越大的试件，混凝土破坏得越轻微，表现为受压区混凝土基本完好 [图 4.4（c）]，受拉区裂缝较窄且间距较大 [图 4.4（d）]。

（a）CCC1 试件纵向受压区混凝土　　　　　（b）CCC1 试件纵向受拉区混凝土

（c）CCH2 试件纵向受压区混凝土

（d）CCH2 试件纵向受拉区混凝土

图 4.4　圆 CFRP-钢管混凝土轴压中长柱的混凝土的破坏

2. 方 CFRP-钢管混凝土轴压中长柱

在加载初期,试件外观无明显变化;当荷载达到承载力的大约 90% 时,大部分试件纵向受压区的中截面区域出现凸曲 [图 4.5(a)];当荷载达到承载力时,伴随着连续的爆裂声,纵向受压区的横向 CFRP 在弯角处断裂 [图 4.5(b)],荷载开始下降。长细比较小的试件的破坏接近于强度破坏,当荷载达到承载力之后,试件有一定变形,但由于试件较短,纵向受拉区的纵向 CFRP(如果有)一般不断裂。长细比较大的试件的破坏接近于失稳破坏,当荷载达到承载力之后,试件出现明显的挠曲现象,在挠度很大时,纵向受拉区的纵向 CFRP 一般被拉断 [图 4.5(c)]。

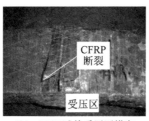

(a) SCE2试件受压区钢管的　　(b) SCE1试件受压区横向　　(c) SCD1试件受拉区纵向
　　凸曲　　　　　　　　　　　CFRP的断裂　　　　　　　　CFRP的断裂

图 4.5 方 CFRP-钢管混凝土轴压中长柱的 CFRP 和钢管的破坏

图 4.6 为加载后的全部方 CFRP-钢管混凝土轴压中长柱。将加载完的方试件的

外部 CFRP-钢管剖开后可见,混凝土分受压区和受拉区两部分。长细比越小的试件,混凝土破坏得越严重,表现为受压区混凝土被压溃 [图 4.7(a)],受拉区裂缝宽 [图 4.7(b)];长细比越大的试件,混凝土破坏得越轻微,表现为受压区混凝土基本完好 [图 4.7(c)],受拉区裂缝窄 [图 4.7(d)]。

图 4.6 加载后的全部方 CFRP-钢管混凝土轴压中长柱

(a) SCC0试件受压区混凝土　　　　　(b) SCC0试件受拉区混凝土

（c）SCF0试件受压区混凝土　　　　（d）SCF0试件受拉区混凝土

图 4.7　方 CFRP-钢管混凝土轴压中长柱的混凝土的破坏

4.1.4　试验结果与初步分析

1. N-u_m 曲线

图 4.8 和图 4.9 分别为圆 CFRP-钢管混凝土轴压中长柱和方 CFRP-钢管混凝土轴压中长柱的 N-u_m 曲线。可见，在加载初期，曲线呈线性发展，属于弹性阶段；之后，曲线进入弹塑性阶段，u_m 的增长速度明显高于 N 的；达到 $N_{u,cr}^t$ 之后，曲线出现下降段，u_m 明显增加，但 N 下降较慢，钢管的塑性发展趋势显著，属于延性破坏。

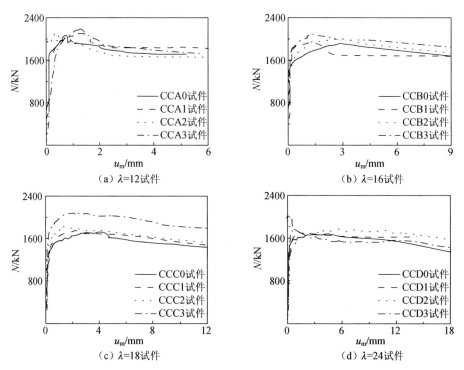

（a）$\lambda=12$试件　　　　（b）$\lambda=16$试件
（c）$\lambda=18$试件　　　　（d）$\lambda=24$试件

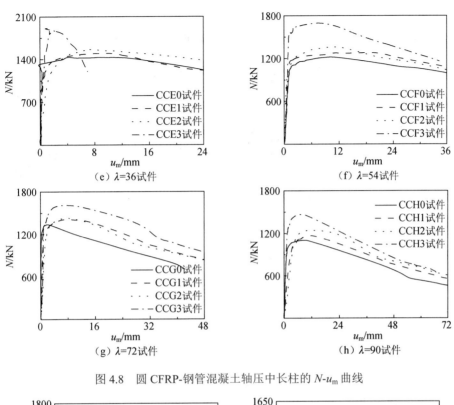

图 4.8 圆 CFRP-钢管混凝土轴压中长柱的 N-u_{m} 曲线

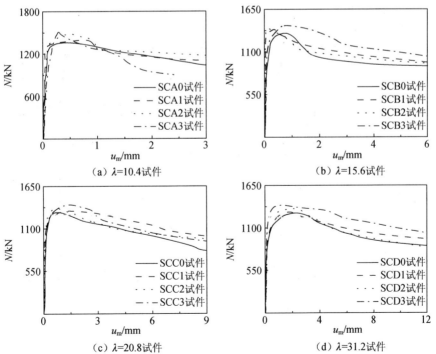

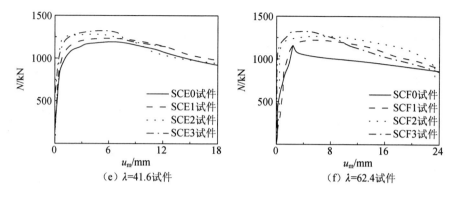

（e）λ=41.6试件　　　　　　（f）λ=62.4试件

图 4.9　方 CFRP-钢管混凝土轴压中长柱的 N-u_m 曲线

2. 钢管的纵向应变

图 4.10 和图 4.11 分别为圆 CFRP-钢管混凝土轴压中长柱和方 CFRP-钢管混凝土轴压中长柱的 N-ε_{sl} 曲线。可见，1 点的纵向拉应变最大，7 点（圆试件）或者 5 点（方试件）的纵向压应变最大，其余点的应变值介于二者之间。

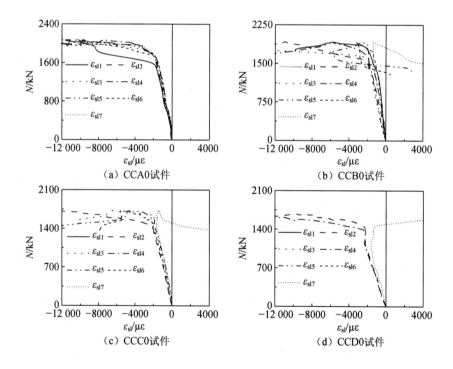

（a）CCA0试件　　　　　　（b）CCB0试件

（c）CCC0试件　　　　　　（d）CCD0试件

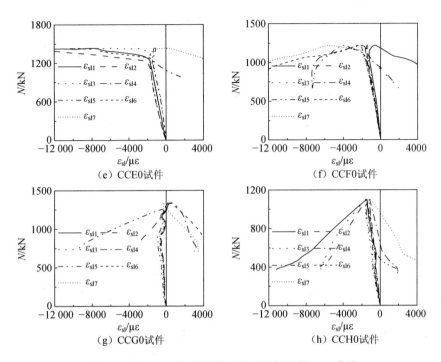

图 4.10 圆 CFRP-钢管混凝土轴压中长柱的 N-ε_{sl} 曲线

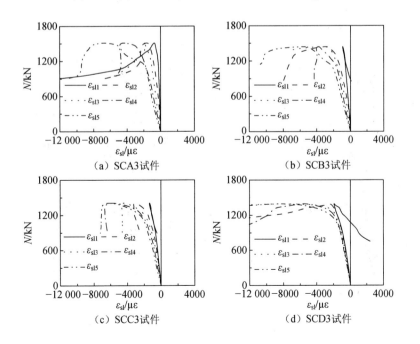

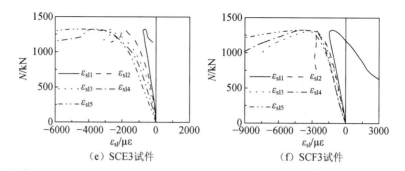

（e）SCE3试件　　　　　　　　　（f）SCF3试件

图 4.11　方 CFRP-钢管混凝土轴压中长柱的 N-ε_{sl} 曲线

3. 钢管与 CFRP 的协同工作

1）横向

图 4.12 和图 4.13 分别为圆 CFRP-钢管混凝土轴压中长柱和方 CFRP-钢管混凝土轴压中长柱的 N-ε_t 曲线。

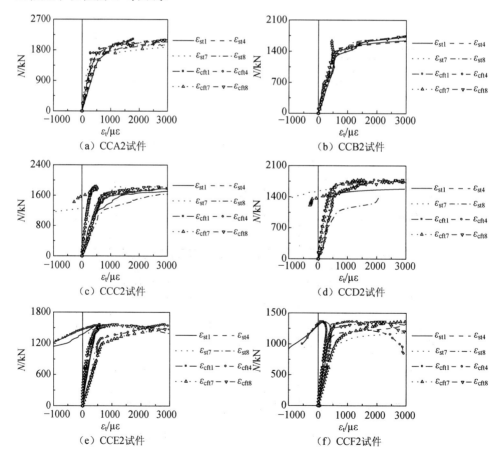

（a）CCA2试件　　　　　　　　　（b）CCB2试件

（c）CCC2试件　　　　　　　　　（d）CCD2试件

（e）CCE2试件　　　　　　　　　（f）CCF2试件

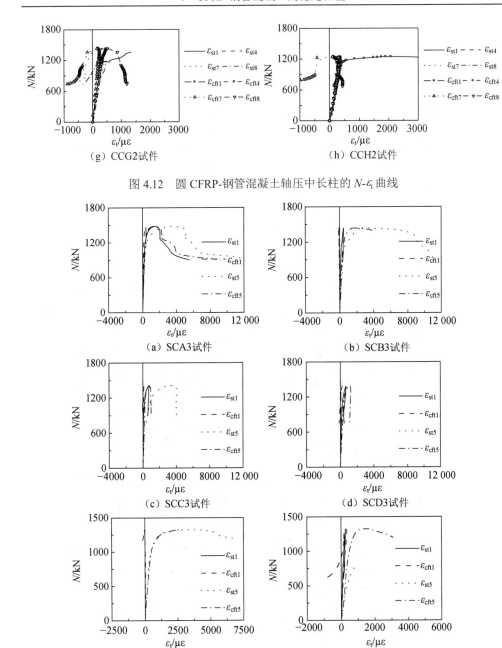

图 4.12 圆 CFRP-钢管混凝土轴压中长柱的 N-ε_{t} 曲线

图 4.13 方 CFRP-钢管混凝土轴压中长柱的 N-ε_{t} 曲线

可见，在整个受力全过程中 ε_{st} 和 ε_{cft} 基本一致，这表明钢管和 CFRP 在横向可以协同工作。对于圆试件还可以看出，ε_{st} 沿试件截面周边分布不均匀：1 点横向拉应变最大，7 点横向压应变最大。

2）纵向

图4.14和图4.15分别为圆CFRP-钢管混凝土轴压中长柱和方CFRP-钢管混凝土轴压中长柱的N-ε_1曲线。可见，在整个受力全过程中钢管和CFRP在纵向可以协同工作。

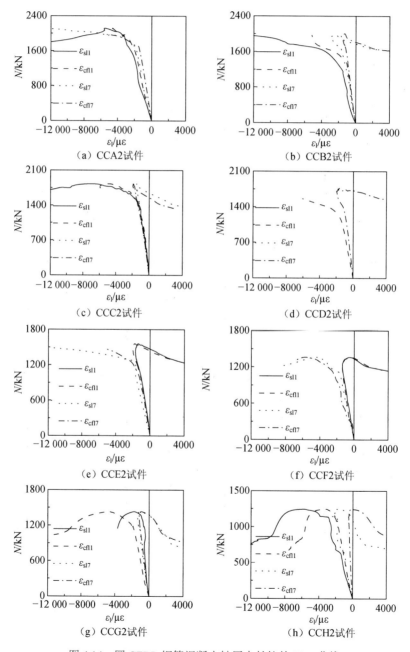

图4.14　圆CFRP-钢管混凝土轴压中长柱的N-ε_1曲线

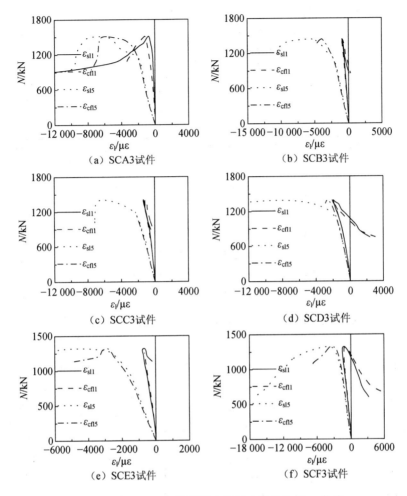

图 4.15 方 CFRP-钢管混凝土轴压中长柱的 N-ε_l 曲线

4. 平截面假定

图 4.16 和图 4.17 分别为圆 CFRP-钢管混凝土轴压中长柱和方 CFRP-钢管混凝土轴压中长柱的 ε_{sl} 沿截面高度的分布。可见，ε_{sl} 沿截面高度的分布基本符合平截面假定。

5. 钢管的纵向应变与横向应变的对比

图 4.18 和图 4.19 分别为圆 CFRP-钢管混凝土轴压中长柱和方 CFRP-钢管混凝土轴压中长柱的 N-ε_s 曲线。可见，同一点的 ε_{sl} 和 ε_{st} 异号，当荷载超过 $N_{u,cr}^t$ 后，1 点为纵向受拉、横向受压，表明钢管横向并非处处受拉，并且说明该点及其附近区域的钢管对混凝土没有横向约束作用。

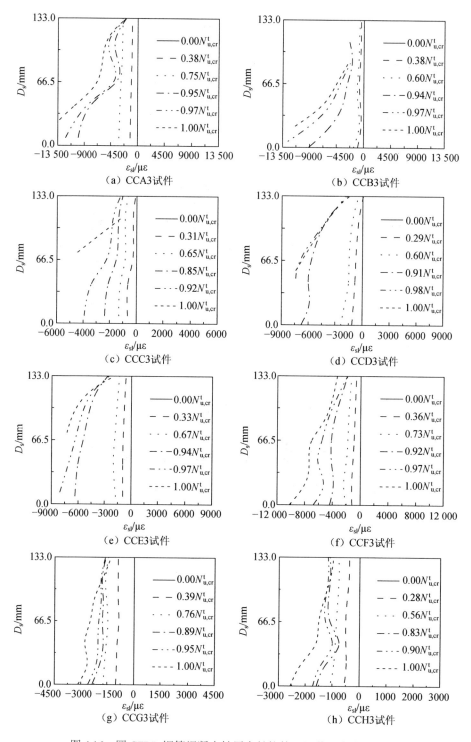

图 4.16　圆 CFRP-钢管混凝土轴压中长柱的 ε_{sl} 沿截面高度的分布

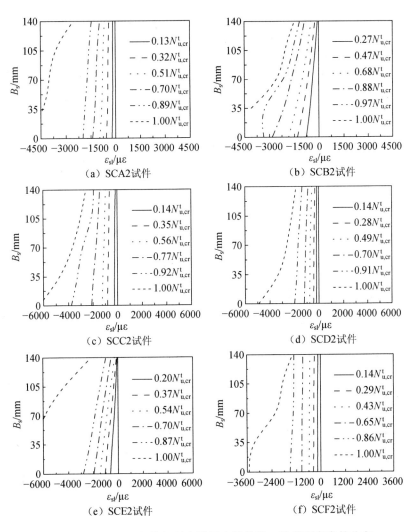

图 4.17 方 CFRP-钢管混凝土轴压中长柱的 ε_{sl} 沿截面高度的分布

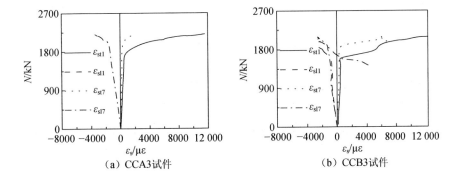

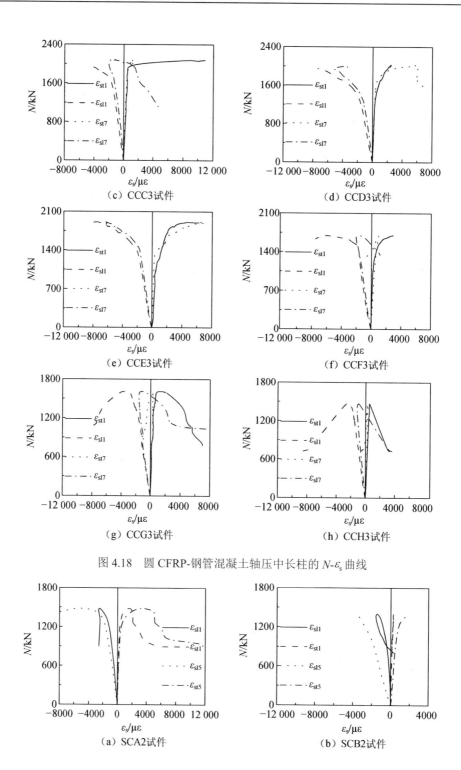

（c）CCC3试件　　　　　　　　（d）CCD3试件

（e）CCE3试件　　　　　　　　（f）CCF3试件

（g）CCG3试件　　　　　　　　（h）CCH3试件

图 4.18　圆 CFRP-钢管混凝土轴压中长柱的 N-ε_s 曲线

（a）SCA2试件　　　　　　　　（b）SCB2试件

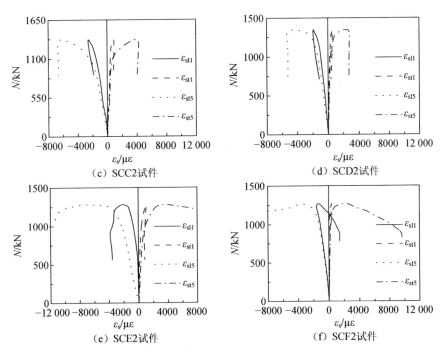

（c）SCC2试件　　　　　　（d）SCD2试件

（e）SCE2试件　　　　　　（f）SCF2试件

图 4.19　方 CFRP-钢管混凝土轴压中长柱的 N-ε_s 曲线

4.2　有限元模拟

4.2.1　有限元计算模型

在 CFRP-钢管混凝土轴压中长柱有限元模拟时采用的钢管、混凝土和 CFRP 的应力-应变关系与 CFRP-钢管混凝土受弯构件的相同，其单元选取、网格划分和界面模型的处理方法与轴压短柱一致。

图 4.20 为方 CFRP-钢管混凝土轴压中长柱有限元模拟的边界条件。根据构件几何形状和边界条件的对称性，取实际构件的 1/2 计算，在计算模型的对称面上施加对称的约束条件。边界条件为一端设置加载线（考虑 $L/1000$ 的初始偏心距），另一端约束 x、y 和 z 三个方向的位移。为便于对荷载下降段的控制，采用位移加载方式。

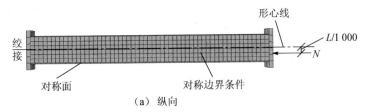

（a）纵向

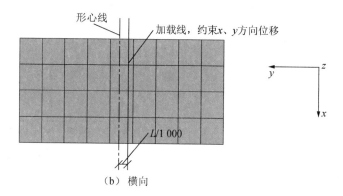

（b）横向

图 4.20　方 CFRP-钢管混凝土轴压中长柱有限元模拟的边界条件

4.2.2　模拟结果与试验结果的比较

1. N-u_m 曲线

图 4.21 和图 4.22 分别为圆 CFRP-钢管混凝土轴压中长柱和方 CFRP-钢管混凝土轴压中长柱的 N-u_m 曲线模拟结果与试验结果的比较。可见，模拟结果与试验结果吻合较好。

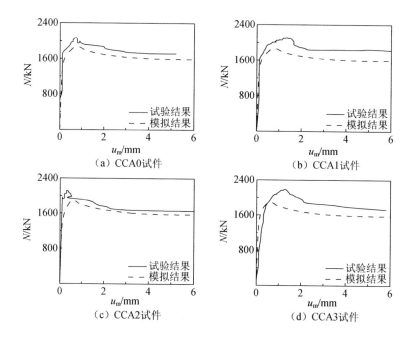

（a）CCA0试件　　　　　　（b）CCA1试件

（c）CCA2试件　　　　　　（d）CCA3试件

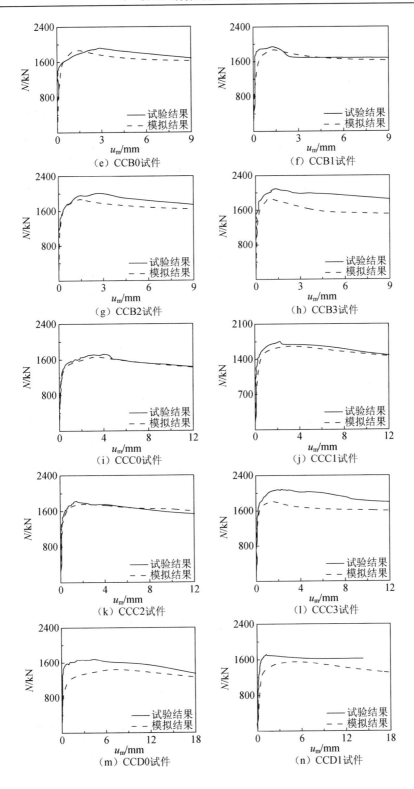

（e）CCB0试件

（f）CCB1试件

（g）CCB2试件

（h）CCB3试件

（i）CCC0试件

（j）CCC1试件

（k）CCC2试件

（l）CCC3试件

（m）CCD0试件

（n）CCD1试件

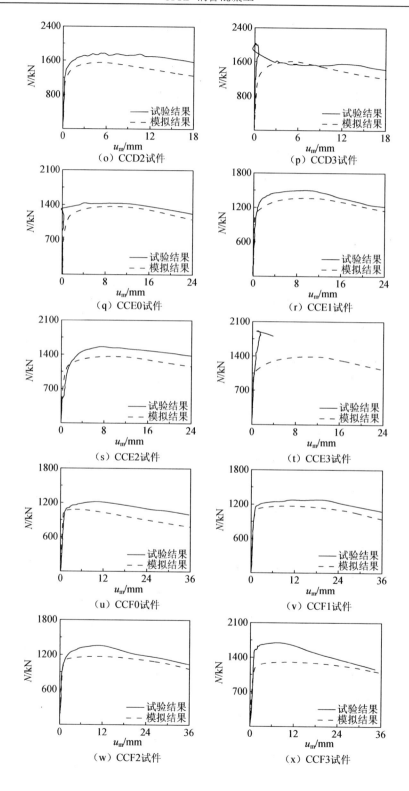

（o）CCD2试件　　　　　　（p）CCD3试件

（q）CCE0试件　　　　　　（r）CCE1试件

（s）CCE2试件　　　　　　（t）CCE3试件

（u）CCF0试件　　　　　　（v）CCF1试件

（w）CCF2试件　　　　　　（x）CCF3试件

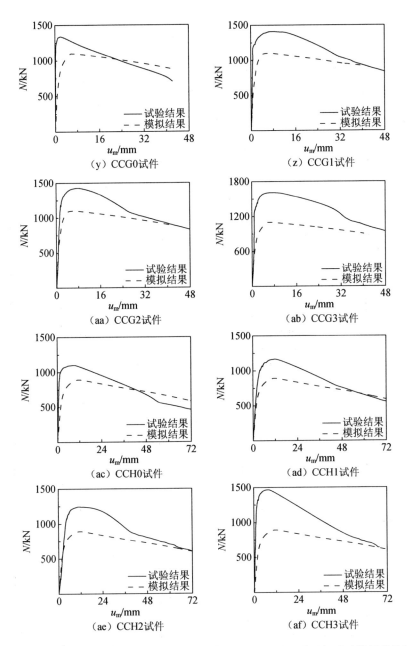

图 4.21 圆 CFRP-钢管混凝土轴压中长柱的 N-u_{m} 曲线模拟结果与试验结果的比较

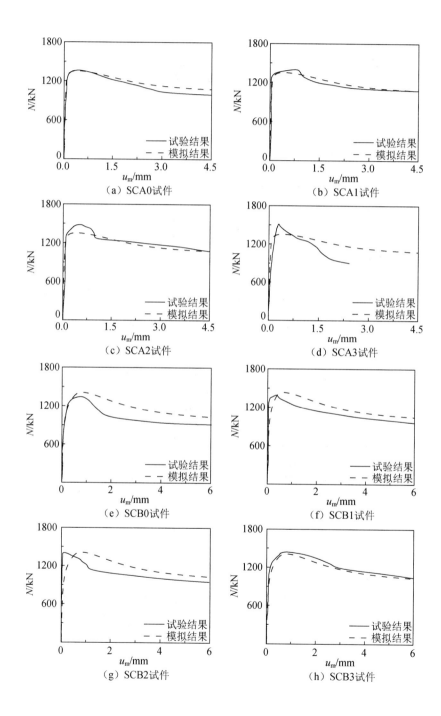

（a）SCA0试件　　　　　　　　（b）SCA1试件
（c）SCA2试件　　　　　　　　（d）SCA3试件
（e）SCB0试件　　　　　　　　（f）SCB1试件
（g）SCB2试件　　　　　　　　（h）SCB3试件

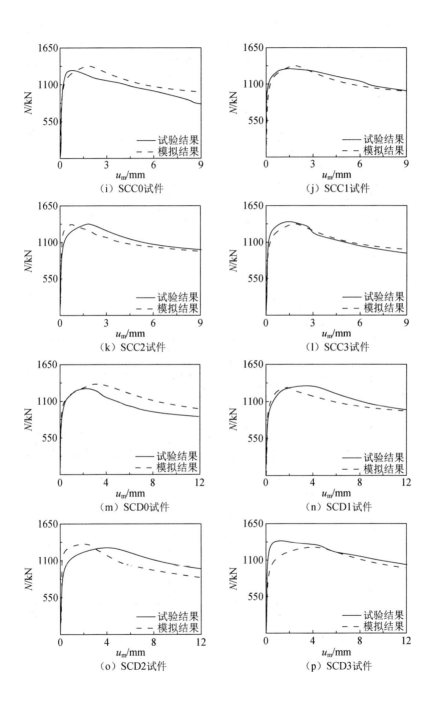

（i）SCC0试件

（j）SCC1试件

（k）SCC2试件

（l）SCC3试件

（m）SCD0试件

（n）SCD1试件

（o）SCD2试件

（p）SCD3试件

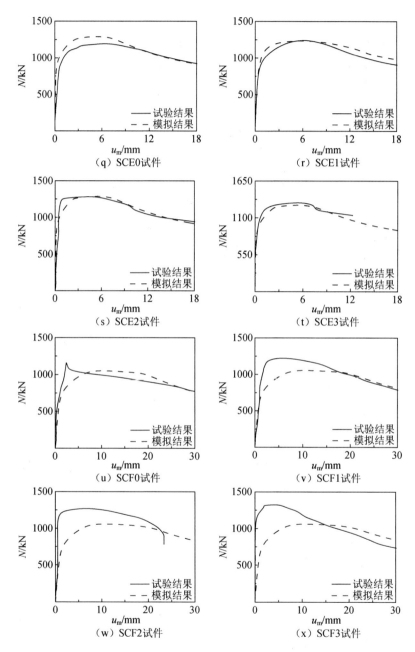

图 4.22　方 CFRP-钢管混凝土轴压中长柱的 N-u_{m} 曲线
模拟结果与试验结果的比较

2. 变形模态

图 4.23 和图 4.24 分别为圆 CFRP-钢管混凝土轴压中长柱和方 CFRP-钢管混凝土轴压中长柱的变形模态。可见,模拟结果与试验结果吻合良好。

（a）试验结果

（b）模拟结果

图 4.23 圆 CFRP-钢管混凝土轴压中长柱的变形模态

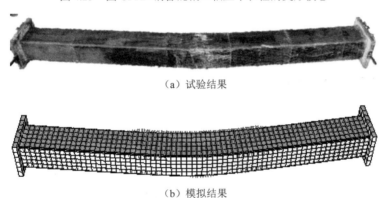

（a）试验结果

（b）模拟结果

图 4.24 方 CFRP-钢管混凝土轴压中长柱的变形模态

3. 应变

图 4.25 为方 CFRP-钢管混凝土轴压中长柱的 N-ε 曲线。可见,随着构件 λ 的增加,构件的承载力逐渐减小;同一点的横向应变和纵向应变异号。

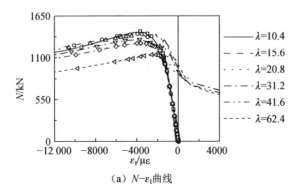

（a）N-ε_1 曲线

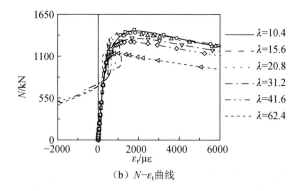

（b）N-ε_t曲线

图 4.25   方 CFRP-钢管混凝土轴压中长柱的 N-ε曲线

4.3   受力全过程分析

图 4.26 为 CFRP-钢管混凝土轴压中长柱典型的 N-u_m 曲线。这里将该曲线分成 3 个阶段并选取 5 个特征点，弹性阶段（0 点～1 点）：荷载与挠度呈线性关系，1 点对应钢管最外纤维压应力达到钢材比例极限；弹塑性阶段（1 点～2 点）：中截面开始略有塑性发展区，2 点对应构件达到承载力；下降阶段（2 点～5 点）：截面的塑性区不断增大，3 点对应受压区中截面横向 CFRP 断裂，4 点对应受拉区的纵向 CFRP 断裂，5 点对应构件中截面挠度约为 $L/25$。通过各特征点处构件的应变和应力状态来分析其在整个受力过程中的工作机理。计算参数：D_s=400mm、t_s=9.3mm、f_y=345MPa、f_{cu}=60MPa、λ=80、ξ_{cf}=0.0383、η=0.163 和 E_c=4700 $f_c'^{\,0.5}$MPa（圆构件）；B_s=140mm、t_s=3.5mm、f_y=300MPa、f_{cu}=60MPa、λ=41.57、ξ_{cf}=0.181、η=0.249 和 E_c=4700 $f_c'^{\,0.5}$MPa（方构件）。

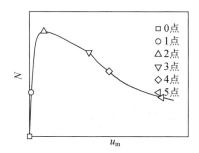

图 4.26   CFRP-钢管混凝土轴压中长柱典型的 N-u_m 曲线

1. 混凝土的应力

图 4.27 和图 4.28 分别为长细比（λ）对圆 CFRP-钢管混凝土轴压中长柱和方 CFRP-钢管混凝土轴压中长柱中截面混凝土纵向应力分布的影响。可见，λ较小的

构件达到承载力时全截面受压,随着λ的增加,构件达到承载力时截面出现受拉区。图4.29和图4.30分别为圆CFRP-钢管混凝土轴压中长柱和方CFRP-钢管混凝土轴压中长柱中截面混凝土的纵向应力分布。可见,在加载初期,混凝土全截面受压,随着中截面挠度的不断增大,圆构件在2点后出现受拉区,而方构件在3点后才出现受拉区,并且受压区面积不断减少、受拉区面积不断增加。图4.31和图4.32分别为圆CFRP-钢管混凝土轴压中长柱和方CFRP-钢管混凝土轴压中长柱混凝土的纵向应力分布。可见,混凝土纵向应力沿长度方向分布不均匀,并且中截面混凝土受压区的应力逐渐增大。不同之处在于,方构件在弯角处应力较大,并且在4点后,应力又有所降低。

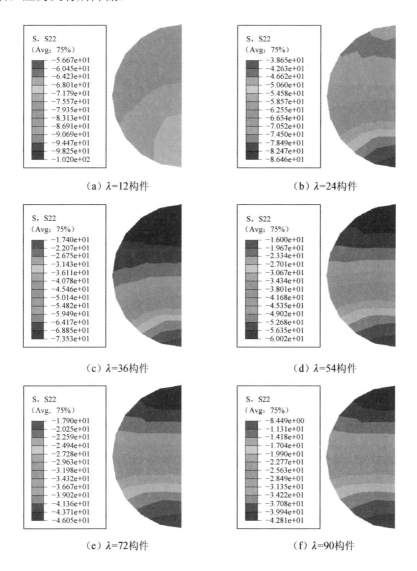

（a）λ=12构件　　　　　　　　　（b）λ=24构件

（c）λ=36构件　　　　　　　　　（d）λ=54构件

（e）λ=72构件　　　　　　　　　（f）λ=90构件

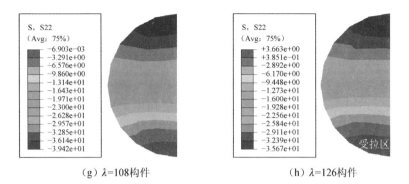

（g）λ=108构件 　　　　　　　　（h）λ=126构件

图 4.27　λ对圆 CFRP-钢管混凝土轴压中长柱中截面混凝土纵向应力分布的影响

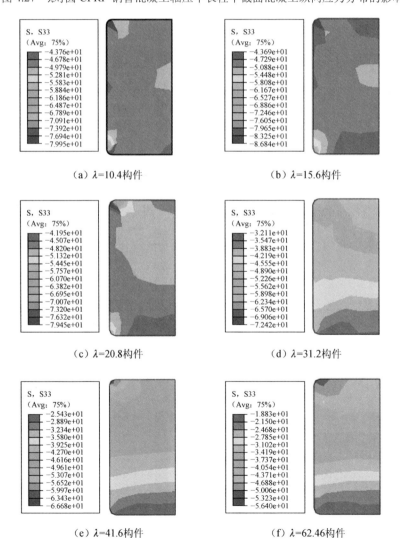

（a）λ=10.4构件 　　　　　　　　（b）λ=15.6构件

（c）λ=20.8构件 　　　　　　　　（d）λ=31.2构件

（e）λ=41.6构件 　　　　　　　　（f）λ=62.46构件

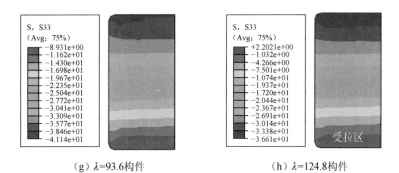

（g）λ=93.6构件　　　　　　（h）λ=124.8构件

图 4.28　λ对方 CFRP-钢管混凝土轴压中长柱中截面混凝土纵向应力分布的影响

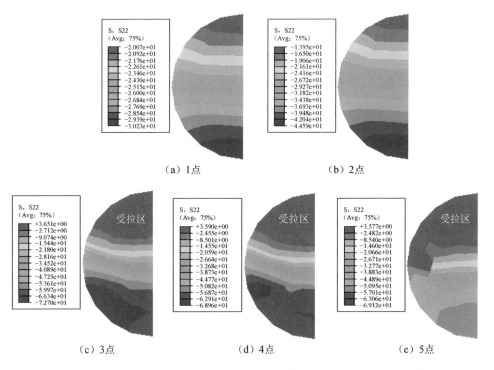

（a）1点　　　　　　（b）2点

（c）3点　　　　　（d）4点　　　　　（e）5点

图 4.29　圆 CFRP-钢管混凝土轴压中长柱中截面混凝土的纵向应力分布

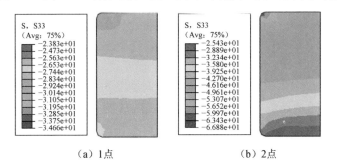

（a）1点　　　　　　（b）2点

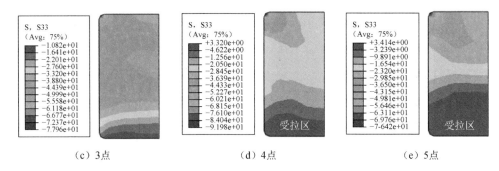

(c) 3点　　　　　　　　(d) 4点　　　　　　　　(e) 5点

图 4.30　方 CFRP-钢管混凝土轴压中长柱中截面混凝土的纵向应力分布

2. 钢管的应力

图 4.33 和图 4.34 分别为圆 CFRP-钢管混凝土轴压中长柱和方 CFRP-钢管混凝土轴压中长柱钢管的 Mises 应力分布。可见，在 1 点，由于荷载较小，钢管还处于弹性阶段，应力沿长度方向分布比较均匀；在 2 点，中截面受压区钢管最先进入屈服阶段，随后中截面受拉区钢管也逐渐屈服；在 3 点，随着横向 CFRP 的断裂，钢管屈服区域逐渐向构件的两端发展；在 4 点，纵向 CFRP 断裂，钢管屈服区域向构件两端发展更加明显。图 4.35 和图 4.36 分别为圆 CFRP-钢管混凝土轴压中长柱和方 CFRP-钢管混凝土轴压中长柱钢管的纵向应力分布。可见，在达到承载力（2 点）前钢管全截面受压；在 3 点后，部分钢管的纵向应力由受压变为受拉，其应力值表现为从负值变为正值。构件的最大压应力和最大拉应力分别在截面的最外边缘上表面和下表面。

3. CFRP 的应力

图 4.37 和图 4.38 分别为圆 CFRP-钢管混凝土轴压中长柱和方 CFRP-钢管混凝土轴压中长柱横向 CFRP 的应力分布。可见，在弹性阶段，横向 CFRP 的应力沿长度方向分布均匀；在达到承载力（2 点）时，中截面受压区的应力逐渐增大，直到达到其断裂强度而退出工作（3 点），说明纵向受压区的横向 CFRP 给构件提供了很好的约束作用，而受拉区的横向 CFRP 始终不起作用。不同之处在于，方构件的横向 CFRP 的断裂主要集中于受压区的弯角处。

图 4.39 和图 4.40 分别为圆 CFRP-钢管混凝土轴压中长柱和方 CFRP-钢管混凝土轴压中长柱纵向 CFRP 的应力分布。可见，在弹性阶段纵向 CFRP 的应力分布均匀；在达到承载力（2 点）之前，由于此时挠度约为 $L/250$，中截面受拉区应力较小，说明纵向 CFRP 在此时并没有起到纵向增强的作用。随着中截面挠度的增加，受拉区的应力逐渐增大，直到 CFRP 断裂（4 点）并退出工作，这说明受拉区的纵向 CFRP 延缓了轴压中长柱的弯曲变形。在整个受力过程中受压区的纵向 CFRP 始终不起作用。

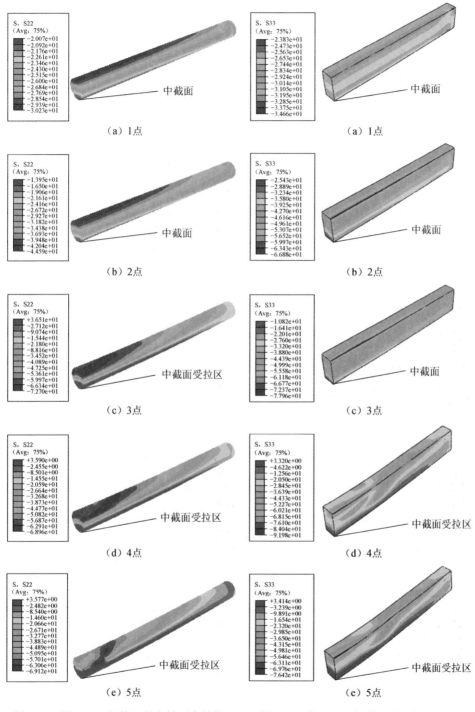

图 4.31 圆 CFRP-钢管混凝土轴压中长柱混凝土的纵向应力分布

图 4.32 方 CFRP-钢管混凝土轴压中长柱混凝土的纵向应力分布

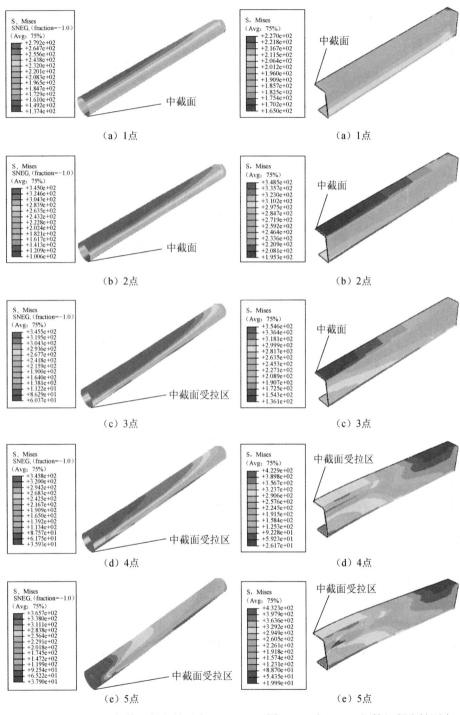

图 4.33 圆 CFRP-钢管混凝土轴压中
长柱钢管的 Mises 应力分布

图 4.34 方 CFRP-钢管混凝土轴压中
长柱钢管的 Mises 应力分布

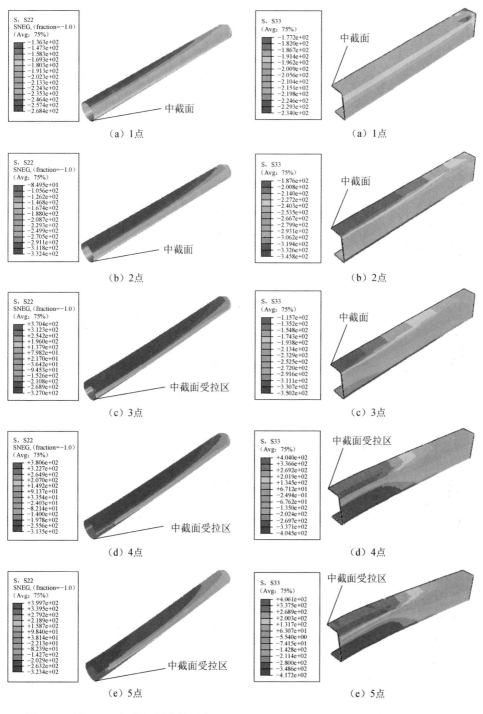

图 4.35 圆 CFRP-钢管混凝土轴压中
长柱钢管的纵向应力分布

图 4.36 方 CFRP-钢管混凝土轴压中
长柱钢管的纵向应力分布

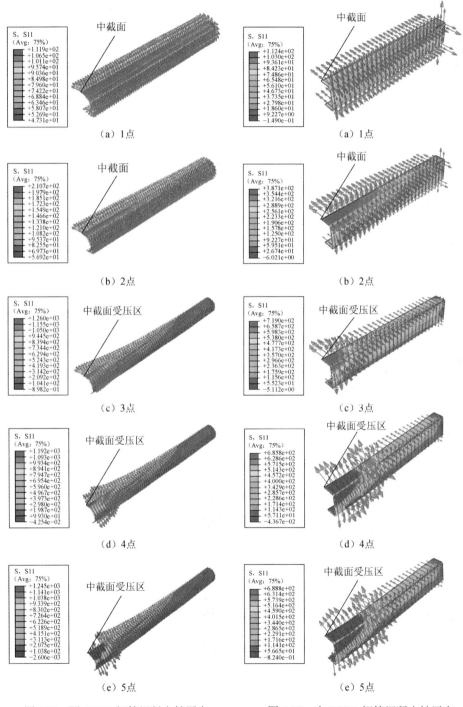

图 4.37　圆 CFRP-钢管混凝土轴压中
长柱横向 CFRP 的应力分布

图 4.38　方 CFRP-钢管混凝土轴压中
长柱横向 CFRP 的应力分布

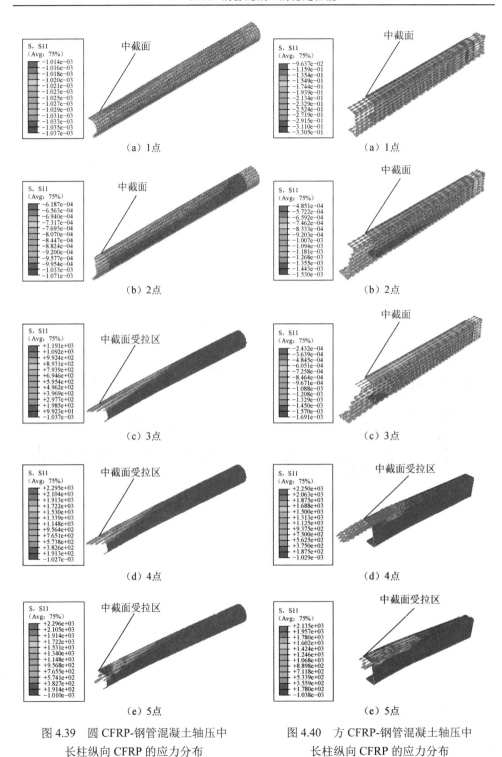

图4.39　圆CFRP-钢管混凝土轴压中
长柱纵向CFRP的应力分布

图4.40　方CFRP-钢管混凝土轴压中
长柱纵向CFRP的应力分布

4.4 理 论 分 析

4.4.1 外管与混凝土的相互作用力分析

1. 圆 CFRP-钢管混凝土轴压中长柱

图 4.41 为圆 CFRP-钢管混凝土轴压中长柱中截面 A 点（受压区）、B 点（中和轴）和 C 点（受拉区）的钢管与混凝土的相互作用力-中截面挠度（p-u_m）曲线。可见，在受压区横向 CFRP 断裂（3 点）前，A 点的相互作用力大于 C 点的；当受拉区纵向 CFRP 断裂（4 点）后，由于 B 点的横向 CFRP 并没有断裂，仍对内部的钢管混凝土有约束作用，因此 B 点的相互作用力逐渐大于 A 点的。图 4.42 为圆 CFRP-钢管混凝土轴压中长柱受压区距离端板 $L/2$、$3L/8$ 和 $L/4$ 高度处的 p-u_m 曲线。可见，受压区中截面的相互作用力较大。比较图 4.41 和图 4.42 可知，圆 CFRP-钢管混凝土轴压中长柱的钢管与混凝土的相互作用力从受压区到受拉区逐渐减小；在受压区，随着距构件中截面距离的增加，相互作用力逐渐减小。

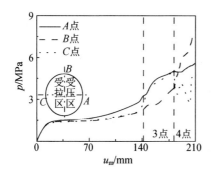

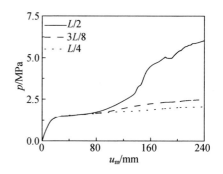

图 4.41 圆 CFRP-钢管混凝土轴压中长柱中   图 4.42 圆 CFRP-钢管混凝土轴压中长柱
截面不同区域的 p-u_m 曲线   受压区不同高度的 p-u_m 曲线

2. 方 CFRP-钢管混凝土轴压中长柱

图 4.43 为方 CFRP-钢管混凝土轴压中长柱中截面 A 点（受压区弯角处）、B 点（截面边长中点）和 C 点（受拉区弯角处）的 p-u_m 曲线。可见，受压区和受拉区的钢管和混凝土之间都存在相互作用力。在受压区横向 CFRP 断裂前，A 点和 C 点的相互作用力相近；在受压区横向 CFRP 断裂后，C 点的相互作用力逐渐大于 A 点的。计算还发现，截面弯角处的作用力较大，其他位置则相对较小。

图 4.44 为方 CFRP-钢管混凝土轴压中长柱距离端板 $L/2$、$3L/8$ 和 $L/4$ 高度弯角处的 p-u_m 曲线。可见，受压区和受拉区都是中截面的相互作用力较大，随着距中截面距离的增加，相互作用力逐渐减小。

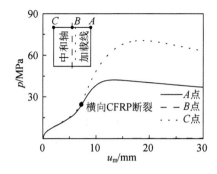

图 4.43 方 CFRP-钢管混凝土轴压中长柱中截面不同区域的 p-u_m 曲线

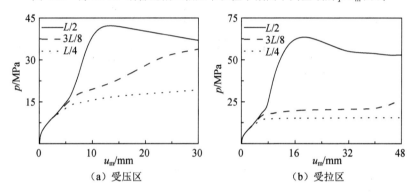

（a）受压区   （b）受拉区

图 4.44 方 CFRP-钢管混凝土轴压中长柱不同高度弯角处的 p-u_m 曲线

4.4.2 钢管与混凝土之间黏结强度的影响

1. 黏结强度对承载力的影响

图 4.45 为黏结强度对 CFRP-钢管混凝土轴压中长柱 N-u_m 曲线的影响。可见，黏结强度对构件的承载力和弹性阶段的刚度基本没有影响。

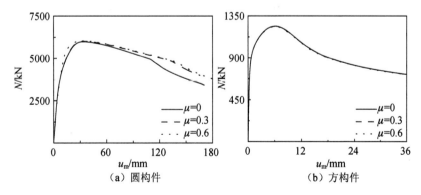

（a）圆构件   （b）方构件

图 4.45 黏结强度对 CFRP-钢管混凝土轴压中长柱 N-u_m 曲线的影响

2. 黏结强度对相互作用力的影响

图4.46为黏结强度对圆CFRP-钢管混凝土轴压中长柱 p-u_m 曲线的影响。可见，在受压区，p 随摩擦系数 μ 值的增加而增加；在受拉区，当 μ 值为 0.3 和 0.6 时，对 p 的影响不明显，但与 μ 值为 0 时有所不同。

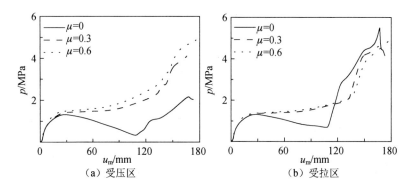

图 4.46　黏结强度对圆 CFRP-钢管混凝土轴压中长柱 p-u_m 曲线的影响

图4.47为黏结强度对方CFRP-钢管混凝土轴压中长柱 p-u_m 曲线的影响。可见，无论是受压区还是受拉区，黏结强度对 p 的影响都很小。

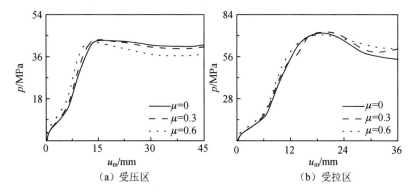

图 4.47　黏结强度对方 CFRP-钢管混凝土轴压中长柱 p-u_m 曲线的影响

4.5　参　数　分　析

影响 CFRP-钢管混凝土轴压中长柱的 N-u_m 曲线的可能参数有长细比、CFRP层数、钢材屈服强度、混凝土强度和含钢率等。下面采用典型算例来分析上述参数对 CFRP-钢管混凝土轴压中长柱的 N-u_m 曲线的影响。

1. 长细比的影响

图4.48为长细比 λ 对 CFRP-钢管混凝土轴压中长柱 N-u_m 曲线的影响。可见，

随着λ的提高，曲线弹性阶段的刚度和构件的承载力都降低，曲线的形状发生显著改变。

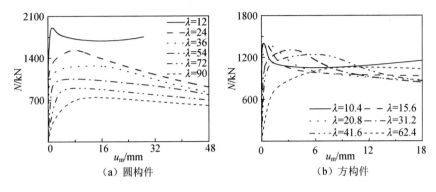

（a）圆构件　　　　　（b）方构件

图 4.48　λ对 CFRP-钢管混凝土轴压中长柱 N-u_m 曲线的影响

2. 纵向 CFRP 层数的影响

图 4.49 为纵向 CFRP 层数 m_l 对 CFRP-钢管混凝土轴压中长柱 N-u_m 曲线的影响。可见，随着 m_l 的增多，构件的承载力、弹性阶段的刚度和曲线的形状均无变化。

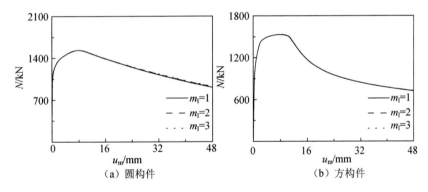

（a）圆构件　　　　　（b）方构件

图 4.49　m_l 对 CFRP-钢管混凝土轴压中长柱 N-u_m 曲线的影响

3. 横向 CFRP 层数的影响

图 4.50 为横向 CFRP 层数 m_t 对 CFRP-钢管混凝土轴压中长柱 N-u_m 曲线的影响。可见，曲线的形状和弹性阶段的刚度无明显变化，构件的承载力随着 m_t 的增加略有提高。

4. 钢材屈服强度的影响

图 4.51 为钢材屈服强度对 CFRP-钢管混凝土轴压中长柱 N-u_m 曲线的影响。可见，随着 f_y 的增加，曲线的形状和弹性阶段的刚度无明显变化，构件的承载力有所提高。

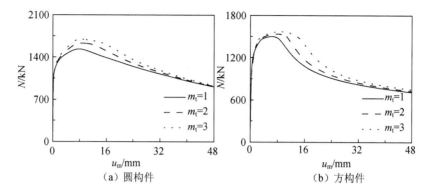

（a）圆构件　　　　　　　（b）方构件

图 4.50　m_t 对 CFRP-钢管混凝土轴压中长柱 N-u_m 曲线的影响

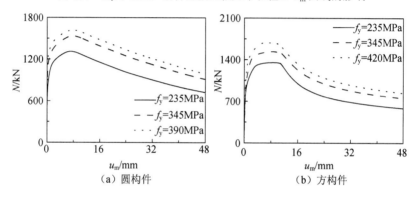

（a）圆构件　　　　　　　（b）方构件

图 4.51　f_y 对 CFRP-钢管混凝土轴压中长柱 N-u_m 曲线的影响

5. 混凝土强度的影响

图 4.52 为混凝土强度对 CFRP-钢管混凝土轴压中长柱 N-u_m 曲线的影响。可见，随着 f_{cu} 的提高，曲线的形状和弹性阶段的刚度基本不变，构件的承载力有所提高。

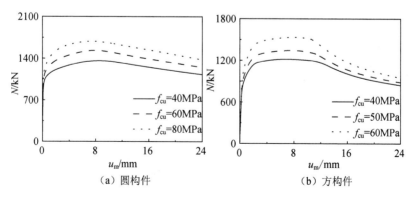

（a）圆构件　　　　　　　（b）方构件

图 4.52　f_{cu} 对 CFRP-钢管混凝土轴压中长柱 N-u_m 曲线的影响

6. 含钢率的影响

图 4.53 为含钢率对 CFRP-钢管混凝土轴压中长柱 N-u_m 曲线的影响。可见，随着 α 的提高，曲线的形状和弹性阶段的刚度均无明显变化，构件的承载力有一定程度的提高。

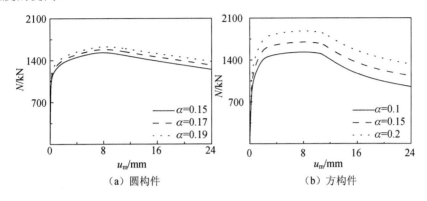

（a）圆构件　　　　　　　　（b）方构件

图 4.53　α 对 CFRP-钢管混凝土轴压中长柱 N-u_m 曲线的影响

4.6　稳定承载力

1. 稳定承载力计算表达式

为了合理确定 CFRP-钢管混凝土轴压中长柱稳定承载力，对 N-u_m 曲线进行了大量计算（计算参数/适用范围：f_y=200～400MPa、f_{cu}=30～120MPa、ξ_s=0.2～4、ξ_{cf}=0～0.6 和 η=0～0.9），获得 CFRP-钢管混凝土轴压构件稳定系数（φ）与长细比（λ）之间的关系如图 4.54 所示。

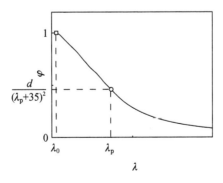

图 4.54　CFRP-钢管混凝土轴压中长柱的 φ-λ 曲线

该曲线分为三个阶段：当 $\lambda \leqslant \lambda_0$ 时，φ=1，构件属于强度破坏；当 $\lambda_0 < \lambda \leqslant \lambda_p$ 时，构件属于弹塑性失稳破坏；当 $\lambda > \lambda_p$ 时，构件属于弹性失稳破坏。λ_0 和 λ_p 分别

为 CFRP-钢管混凝土轴压中长柱发生弹塑性和弹性失稳时的界限长细比，可分别按下式确定（f_y 和 f_{ck} 需以 MPa 为单位代入）。

圆构件：

$$\lambda_0=\pi\left(\frac{420\xi+550}{f_{cfscy}}\right)^{0.5} \tag{4.2a}$$

$$\lambda_p=\frac{1743}{\sqrt{f_y}} \tag{4.3a}$$

方构件：

$$\lambda_0=\pi\left(\frac{220\xi+450}{f_{cfscy}}\right)^{0.5} \tag{4.2b}$$

$$\lambda_p=\frac{1811}{\sqrt{f_y}} \tag{4.3b}$$

φ 与 λ 之间关系的表达式为

$$\varphi=\begin{cases}1 & (\lambda\leqslant\lambda_0)\\ a\lambda^2+b\lambda+c & (\lambda_0<\lambda\leqslant\lambda_p)\\ \dfrac{d}{(\lambda+35)^2} & (\lambda>\lambda_p)\end{cases} \tag{4.4}$$

其中

$$a=\frac{1+(35+2\lambda_p-\lambda_0)e}{(\lambda_p-\lambda_0)^2},\quad b=e-2a\lambda_p,\quad c=1-a\lambda_0^2-b\lambda_0,\quad e=\frac{-d}{(\lambda_p+35)^3}$$

通过对大量计算结果的回归分析获得系数 d 的表达式如下。

圆构件：

$$d=\left(13\,000+4657\ln\frac{235}{f_y}\right)\left(\frac{25}{f_{ck}+5}\right)^{0.3}(10\alpha)^{0.05}(1+\eta)^{0.9} \tag{4.5a}$$

方构件：

$$d=\left(13\,500+4810\ln\frac{235}{f_y}\right)\left(\frac{25}{f_{ck}+5}\right)^{0.3}(10\alpha)^{0.05}(1+\eta)^{0.5} \tag{4.5b}$$

则 CFRP-钢管混凝土稳定承载力 $N_{u, cr}$ 的计算式为

$$N_{u, cr}=\varphi N_u \qquad (4.6)$$

2. 表达式的验证

图 4.55 为 CFRP-钢管混凝土轴压中长柱稳定承载力计算值 $N_{u, cr}^c$ 与试验值 $N_{u, cr}^t$ 的比较。圆试件 $N_{u, cr}^c / N_{u, cr}^t$ 的平均值为 0.969，均方差为 0.075；方试件 $N_{u, cr}^c / N_{u, cr}^t$ 的平均值为 0.955，均方差为 0.042。可见，计算结果与试验结果吻合良好。

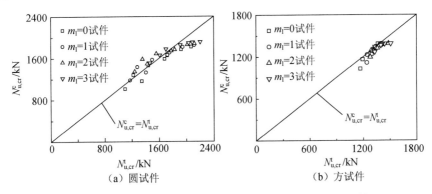

（a）圆试件　　　　　（b）方试件

图 4.55　CFRP-钢管混凝土轴压中长柱的 $N_{u, cr}^c$ 与 $N_{u, cr}^t$ 的比较

4.7　本 章 小 结

基于本章的研究可以得到以下结论。

（1）对于 CFRP-钢管混凝土轴压中长柱，长细比较小的试件属于强度破坏，长细比较大的试件则属于失稳破坏；试件的荷载-中截面挠度曲线可以划分为弹性阶段、弹塑性阶段和下降阶段。

（2）钢管纵向应变沿截面高度的分布基本符合平截面假定；钢管和 CFRP 在纵向和横向都可以协同工作；同一点的纵向应变和横向应变异号；纵向受拉的钢管对混凝土没有约束作用。

（3）应用 ABAQUS 可以较好地模拟 CFRP-钢管混凝土轴压中长柱的 N-u_m 曲线和变形模态；分析了 CFRP-钢管混凝土轴压中长柱各组成材料的应力分布，模拟结果与试验结果吻合良好；从受压区到受拉区，钢管与混凝土的相互作用力逐渐减小，在受压区，随着距构件中截面距离的增加作用力逐渐减小；对于方 CFRP-钢管混凝土轴压中长柱，钢管与混凝土的相互作用力在弯角处最大；黏结强度对构件的承载力和弹性阶段刚度基本没有影响，但可以提高外管对混凝土的约束力。

（4）参数分析的结果表明，钢材屈服强度、混凝土强度和含钢率的提高可以显著提高 CFRP-钢管混凝土轴压中长柱的稳定承载力，横向 CFRP 层数的增多仅使承载力略有提高，而增大长细比会显著降低承载力和弹性阶段的刚度，并且构件的荷载-变形曲线的形状也有所变化。

（5）给出了 CFRP-钢管混凝土轴压中长柱的稳定承载力计算表达式，应用该式的计算结果与试验结果吻合良好。

5 CFRP-钢管混凝土的压-弯性能

前面主要介绍了 CFRP-钢管混凝土的轴压性能和受弯性能，发现 CFRP 可以为构件提供很好的横向约束作用和纵向增强作用。而在工程实践中，构件很少仅仅承受压、弯、剪或者扭等的某一单一荷载的作用，往往会承受两种荷载的联合作用，如压-弯、压-剪或者压-扭，甚至更多、更复杂的荷载组合的作用。因此，尚应研究 CFRP-钢管混凝土的压-弯性能等。

为了了解 CFRP-钢管混凝土的压-弯性能，本书作者分别进行了 32 个圆 CFRP-钢管混凝土压-弯试件[126-129] 和 24 个方 CFRP-钢管混凝土压-弯试件[130,131] 的静力试验，试件上同时粘贴横向 CFRP 和纵向 CFRP。对试件的中截面荷载-挠度（N-u_m）曲线的特点、钢管与 CFRP 的协同工作和平截面假定等进行了探讨；应用 ABAQUS 模拟了试件的 N-u_m 曲线和变形模态等；以上述研究为基础，对构件的各组成材料的应力分布、外管与混凝土的相互作用力以及黏结强度和加载路径对构件静力性能的影响等进行了受力全过程和理论分析；探讨了偏心率、长细比、CFRP 层数、钢材屈服强度、混凝土强度和含钢率等对构件静力性能的影响；基于性能分析，给出了 CFRP-钢管混凝土压-弯构件的弯矩-轴力相关方程，应用该方程可以合理计算 CFRP-钢管混凝土压-弯构件的承载力。

5.1 试验研究

5.1.1 试件的设计与材料性能

1. 圆 CFRP-钢管混凝土压-弯试件

本书作者进行了 32 个圆 CFRP-钢管混凝土压-弯试件的静力性能试验，主要参数包括长细比 λ 和偏心率 e，其中，

$$e = \frac{e_0}{r_c} \tag{5.1a}$$

式中：e_0 为偏心距；r_c 为混凝土半径。

钢管的外径 D_s 均为 133mm，横向 CFRP 的层数 m_t 和纵向 CFRP 的层数 m_l 均为 1，其他参数见表 5.1。

表 5.1　圆 CFRP-钢管混凝土压-弯试件的参数

序号	编号	L/mm	λ	t_s/mm	e_0/mm	f_{ck}/MPa	E_c/GPa	N_{bc}^t/kN
1	CBCA1	400	12	5	20	40	36.4	1580
2	CBCA2	400	12	5	40	40	36.4	1114
3	CBCA3	400	12	5	60	40	36.4	794
4	CBCA4	400	12	5	80	40	36.4	655
5	CBCB1	530	16	5	20	40	36.4	1558
6	CBCB2	530	16	5	40	40	36.4	1078
7	CBCB3	530	16	5	60	40	36.4	761
8	CBCB4	530	16	5	80	40	36.4	607
9	CBCC1	600	18	4.5	20	37	34.9	1314
10	CBCC2	600	18	4.5	40	37	34.9	1023
11	CBCC3	600	18	4.5	60	37	34.9	754
12	CBCC4	600	18	5	80	40	36.4	585
13	CBCD1	800	24	4.5	20	37	34.9	1183
14	CBCD2	800	24	4.5	40	37	34.9	878
15	CBCD3	800	24	4.5	60	37	34.9	650
16	CBCD4	800	24	5	80	40	36.4	557
17	CBCE1	1200	36	4.5	20	37	34.9	1042
18	CBCE2	1200	36	4.5	40	37	34.9	752
19	CBCE3	1200	36	4.5	60	37	34.9	538
20	CBCE4	1200	36	5	80	40	36.4	405
21	CBCF1	1800	54	4.5	20	37	34.9	834
22	CBCF2	1800	54	4.5	40	37	34.9	592
23	CBCF3	1800	54	4.5	60	37	34.9	450
24	CBCF4	1800	54	5	80	40	36.4	408
25	CBCG1	2400	72	5	20	40	36.4	808
26	CBCG2	2400	72	5	40	40	36.4	538
27	CBCG3	2400	72	5	60	40	36.4	405
28	CBCG4	2400	72	5	80	40	36.4	325
29	CBCH1	3000	90	5	20	40	36.4	654
30	CBCH2	3000	90	5	40	40	36.4	480
31	CBCH3	3000	90	5	60	40	36.4	353
32	CBCH4	3000	90	5	80	40	36.4	292

注：编号中"CBC"指的是圆压-弯试件（circular beam-column）；第四个字母"A、B、C、D、E、F、G、H"指的是 λ 分别为 12、16、18、24、36、54、72、90；阿拉伯数字"1、2、3、4"指的是 e_0 分别为 20mm、40mm、60mm、80mm； N_{bc}^t 为压-弯试件的抗压承载力的试验值。

采用的钢管和混凝土与圆 CFRP-钢管混凝土轴压中长柱采用的相同，采用的碳纤维布与方 CFRP-钢管混凝土轴压短柱采用的相同。

2. 方 CFRP-钢管混凝土压-弯试件

本书作者进行了 24 个方 CFRP-钢管混凝土压-弯试件的静力性能试验,主要参数包括长细比 λ 和偏心率 e,其中,

$$e = \frac{2e_0}{B_s} \tag{5.1b}$$

钢管的外边长 B_t 均为 140mm,钢管壁厚 t_s 均为 3.5mm,横向 CFRP 层数 m_t 和纵向 CFRP 层数 m_l 均为 1,其他参数见表 5.2。

表 5.2　方 CFRP-钢管混凝土压-弯试件的参数

序号	编号	L/mm	λ	e_0/mm	N_{bc}^t/kN
1	SBCA0	420	10.4	0	1401
2	SBCA1	420	10.4	14	1195
3	SBCA2	420	10.4	28	1045
4	SBCA3	420	10.4	42	905
5	SBCB0	630	15.6	0	1397
6	SBCB1	630	15.6	14	1170
7	SBCB2	630	15.6	28	1040
8	SBCB3	630	15.6	42	825
9	SBCC0	840	20.8	0	1334
10	SBCC1	840	20.8	14	1081
11	SBCC2	840	20.8	28	935
12	SBCC3	840	20.8	42	789
13	SBCD0	1260	31.2	0	1308
14	SBCD1	1260	31.2	14	985
15	SBCD2	1260	31.2	28	850
16	SBCD3	1260	31.2	42	745
17	SBCE0	1680	41.6	0	1243
18	SBCE1	1680	41.6	14	915
19	SBCE2	1680	41.6	28	805
20	SBCE3	1680	41.6	42	732
21	SBCF0	2520	62.4	0	1240
22	SBCF1	2520	62.4	14	851
23	SBCF2	2520	62.4	28	783
24	SBCF3	2520	62.4	42	710

注:编号中"SBC"指的是方压-弯试件(square beam-column);λ 分别为 10.4、15.6、20.8、31.2、41.6、62.4;e_0 分别为 0mm、14mm、28mm、42mm。

采用的钢管和混凝土与方 CFRP-钢管混凝土轴压中长柱采用的相同,采用的碳纤维布与方 CFRP-钢管混凝土轴压短柱采用的相同。

图 5.1 为试验前的全部方 CFRP-钢管混凝土压-弯试件。

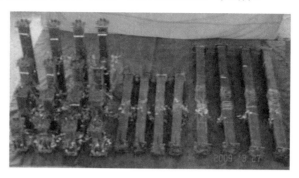

图 5.1　试验前的全部方 CFRP-钢管混凝土压-弯试件

5.1.2　加载与测量

CFRP-钢管混凝土压-弯试件的静力试验在 5000kN 压力机上进行，试件两端铰接（考虑初始偏心），加载全貌如图 5.2 所示。加载方式、数据的测量和应变片的布置与 CFRP-钢管混凝土轴压中长柱的静力试验的相同，估算承载力的方法与 CFRP-钢管混凝土轴压中长柱的类似。

（a）圆试件　　　　　　　　　　（b）方试件

图 5.2　CFRP-钢管混凝土压-弯试件的加载全貌

5.1.3　试验现象

1. 圆 CFRP-钢管混凝土压-弯试件

长细比和偏心率都对试件的破坏有显著影响。对于长细比较小的试件，其破坏接近于强度破坏，其中对于偏心率也较小的试件，荷载达到承载力 N_{bc}^t 时，受压区横向 CFRP 首先断裂［图 5.3（a）］，受拉区纵向 CFRP 一般不断裂；对于偏心率较大的试件，荷载达到 N_{bc}^t 时，受压区横向 CFRP 或者受拉区纵向 CFRP 首先随机断裂［图 5.3（b）］，然后与其垂直方向的 CFRP 再断裂。

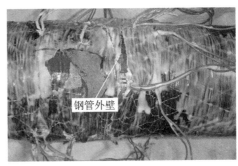

（a）横向CFRP　　　　　　　　　　　（b）纵向CFRP

图 5.3　长细比较小的圆 CFRP-钢管混凝土压-弯试件的 CFRP 的断裂

对于长细比较大的试件，其破坏接近于失稳破坏，试件无明显强度破坏特征。其中对于偏心率较小的试件，荷载达到 N_{bc}^t 后，横向 CFRP 先断裂，由于挠度的增长，受拉区纵向 CFRP 断裂；对于偏心率较大的试件，荷载达到 N_{bc}^t 后挠度很大时受拉区纵向 CFRP 断裂，但横向 CFRP 一般不断裂。

图 5.4 为加载后的部分圆 CFRP-钢管混凝土压-弯试件。

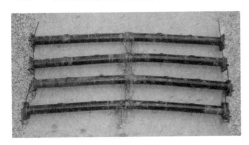

（a）$\lambda=90$ 试件　　　　　　　　　　　（b）$e=1.3$ 试件

图 5.4　加载后的部分圆 CFRP-钢管混凝土压-弯试件

将加载完的圆 CFRP-钢管混凝土压-弯试件的外部 CFRP-钢管剖开后可见，混凝土分受压区和受拉区两部分（图 5.5）。对于偏心率相同的试件，长细比越小，混凝土破坏得越严重，表现为受压区混凝土被压溃［图 5.5（a）］，受拉区裂缝宽［图 5.5（b）］；长细比越大，混凝土破坏得越轻微，表现为受压区混凝土基本完好［图 5.5（c）］，受拉区裂缝窄［图 5.5（d）］。对于长细比相同的试件，偏心率越大，受压区混凝土破坏得越轻微，受拉区裂缝越窄。

（a）CBCA4 试件的混凝土受压区　　　　　　（b）CBCA4 试件的混凝土受拉区

（c）CBCH4 试件的混凝土受压区　　　　　　（d）CBCH4 试件的混凝土受拉区

图 5.5　圆 CFRP-钢管混凝土压-弯试件的混凝土的破坏

2. 方 CFRP-钢管混凝土压-弯试件

在加载初期，挠度与荷载的增长近似成正比，试件外观无明显变化；随着荷载的增大，可听到轻微、不连续的黏胶开裂的声音，试件变形明显加大，中截面受压区钢管向外凸曲 [图 5.6（a）]；荷载达到 N_{bc}^t 后，长细比和偏心率对试件的破坏都有影响。对于长细比和偏心率都较小的试件，受压区弯角处横向 CFRP 首先断裂 [图 5.6（b）]，而受拉区的纵向 CFRP 一般不断裂；对于长细比较小而偏心率较大的试件，受压区横向 CFRP 或受拉区纵向 CFRP 随机首先断裂；对于长细比较大而偏心率较小的试件，受压区的横向 CFRP 首先断裂，在挠度很大时，受拉区的纵向 CFRP 再断裂；对于长细比和偏心率都较大的试件，在挠度很大时，受拉区的纵向 CFRP 首先断裂 [图 5.6（c）]，而受压区的横向 CFRP 一般不断裂。

（a）SBCE2试件的钢管凸曲　　（b）SBCB2试件的横向CFRP　　（c）SBCC2试件的纵向CFRP

图 5.6　方 CFRP-钢管混凝土压-弯试件的 CFRP 和钢管的破坏

图 5.7 为加载后的全部方 CFRP-钢管混凝土压-弯试件。

图 5.7　加载后的全部方 CFRP-钢管混凝土压-弯试件

　　将加载完的方 CFRP-钢管混凝土压-弯试件的外部 CFRP-钢管剖开后可见,混凝土分受压区和受拉区两部分（图 5.8）。对于偏心率相同的试件,长细比越小的试件,混凝土破坏得越严重,表现为受压区混凝土被压溃［图 5.8（a）］,受拉区裂缝宽［图 5.8（b）］;长细比越大的试件,混凝土破坏得越轻微,表现为受压区出现轻微开裂［图 5.8（c）］,受拉区裂缝窄［图 5.8（d）］。对于长细比相同的试件,偏心率越大,混凝土破坏得越轻微,受拉区的裂缝越窄。

（a）SBCD3试件受压区混凝土

（b）SBCC3试件受拉区混凝土

（c）SBCF3试件受压区混凝土

（d）SBCE3试件受拉区混凝土

图 5.8　方 CFRP-钢管混凝土压-弯试件的混凝土的破坏

5.1.4 试验结果与初步分析

1. N-u_m 曲线

图 5.9 和图 5.10 分别为圆 CFRP-钢管混凝土压-弯试件和方 CFRP-钢管混凝土压-弯试件的 N-u_m 曲线。

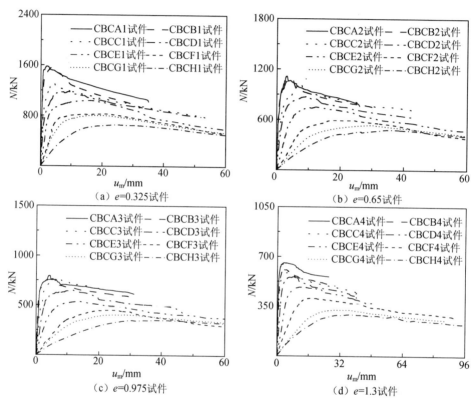

（a）e=0.325试件　　　　（b）e=0.65试件

（c）e=0.975试件　　　　（d）e=1.3试件

图 5.9 圆 CFRP-钢管混凝土压-弯试件的 N-u_m 曲线

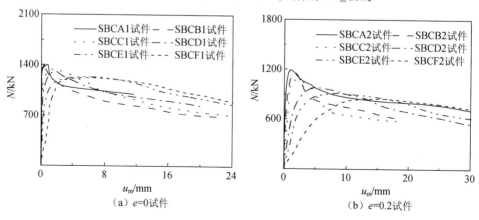

（a）e=0试件　　　　（b）e=0.2试件

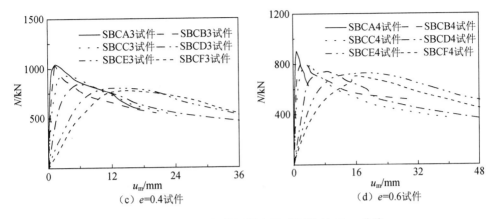

（c）e=0.4试件　　　　　　　　　（d）e=0.6试件

图 5.10　方 CFRP-钢管混凝土压-弯试件的 N-u_m 曲线

可见，在加载初期，曲线呈线性发展，属于弹性阶段；随后曲线进入弹塑性阶段；荷载达到 N_{bc}^t 后，曲线出现下降段，挠度明显增加，但荷载下降较慢，属于延性破坏。

2. 钢管与 CFRP 的协同工作

1）横向

图 5.11 和图 5.12 分别为圆 CFRP-钢管混凝土压-弯试件和方 CFRP-钢管混凝土压-弯试件的 N-ε_t 曲线。可见，ε_{st} 和 ε_{cft} 基本一致，说明钢管和 CFRP 在横向可以协同工作。

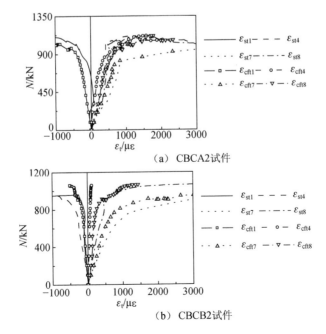

（a）CBCA2试件

（b）CBCB2试件

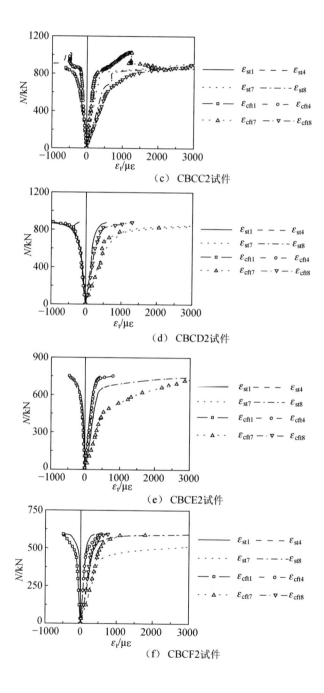

（c）CBCC2试件

（d）CBCD2试件

（e）CBCE2试件

（f）CBCF2试件

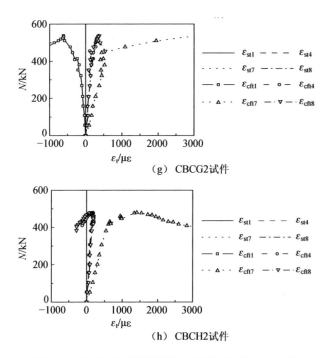

（g）CBCG2试件

（h）CBCH2试件

图 5.11　圆 CFRP-钢管混凝土压-弯试件的 N-ε_{t} 曲线

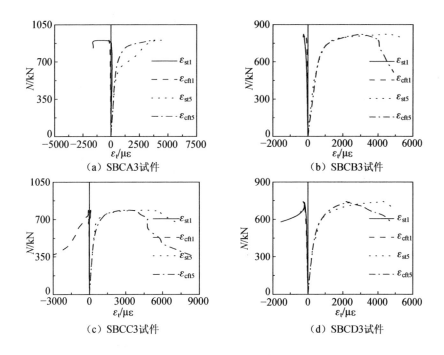

（a）SBCA3试件

（b）SBCB3试件

（c）SBCC3试件

（d）SBCD3试件

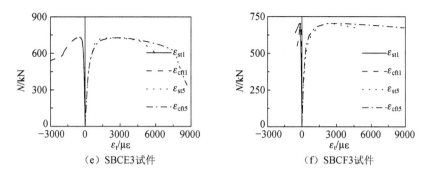

图 5.12　方 CFRP-钢管混凝土压-弯试件的 N-ε_t 曲线

2）纵向

图 5.13 和图 5.14 分别为圆 CFRP-钢管混凝土压-弯试件和方 CFRP-钢管混凝土压-弯试件的 N-ε_l 曲线。可见，ε_{sl} 和 ε_{cfl} 基本一致，说明钢管和 CFRP 在纵向可以协同工作。

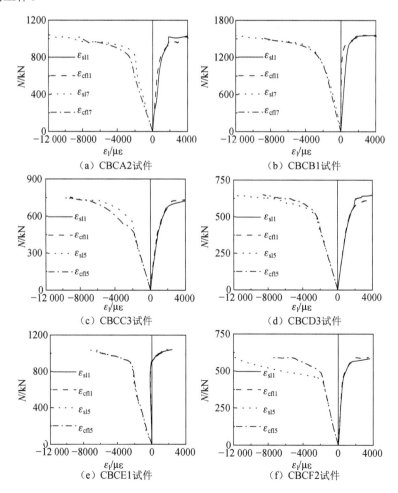

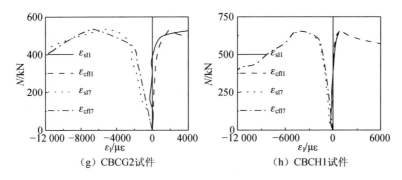

（g）CBCG2试件　　　　　　　　（h）CBCH1试件

图 5.13　圆 CFRP-钢管混凝土压-弯试件的 N-ε_l 曲线

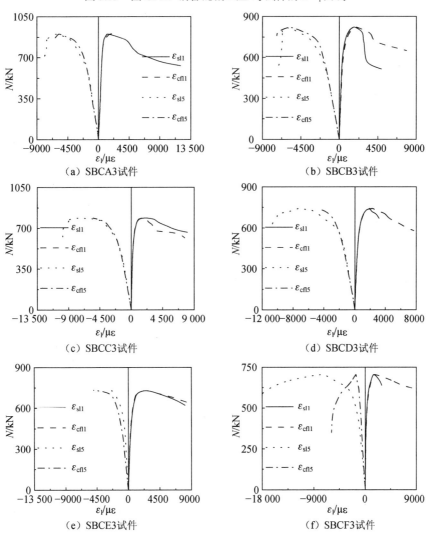

（a）SBCA3试件　　　　　　　　（b）SBCB3试件

（c）SBCC3试件　　　　　　　　（d）SBCD3试件

（e）SBCE3试件　　　　　　　　（f）SBCF3试件

图 5.14　方 CFRP-钢管混凝土压-弯试件的 N-ε_l 曲线

3. 平截面假定

图 5.15 和图 5.16 分别为圆 CFRP-钢管混凝土压-弯试件和方 CFRP-钢管混凝土压-弯试件的 ε_{sl} 沿截面高度的分布。可见，ε_{sl} 沿截面高度的分布基本符合平截面假定。

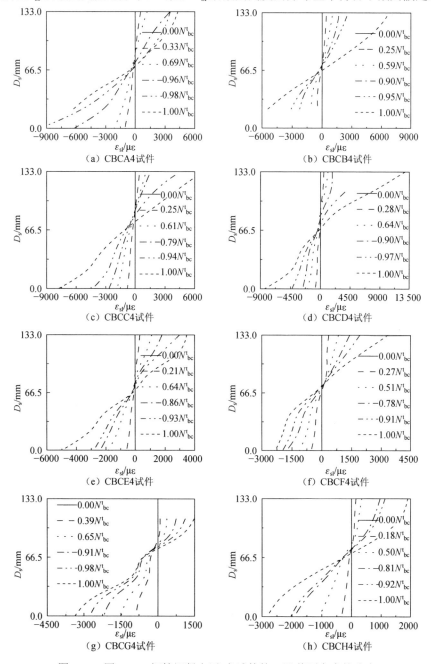

图 5.15　圆 CFRP-钢管混凝土压-弯试件的 ε_{sl} 沿截面高度的分布

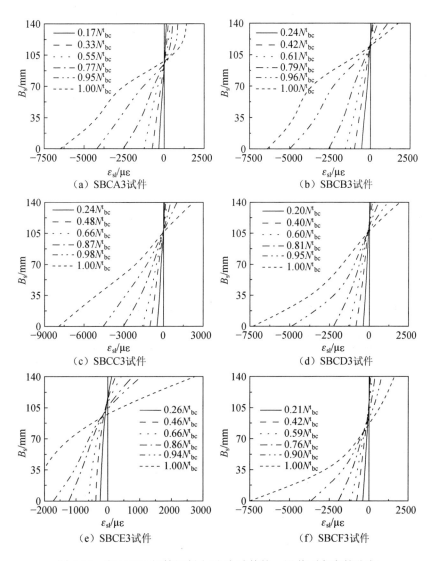

图 5.16 方 CFRP-钢管混凝土压-弯试件的 ε_{sl} 沿截面高度的分布

4. 钢管的纵向应变与横向应变的对比

图 5.17 和图 5.18 分别为圆 CFRP-钢管混凝土压-弯试件和方 CFRP-钢管混凝土压-弯试件的 N-ε_s 曲线。可见，同一点的 ε_{st} 与 ε_{sl} 异号。同样，横向受压（收缩）的钢管对混凝土没有约束作用。

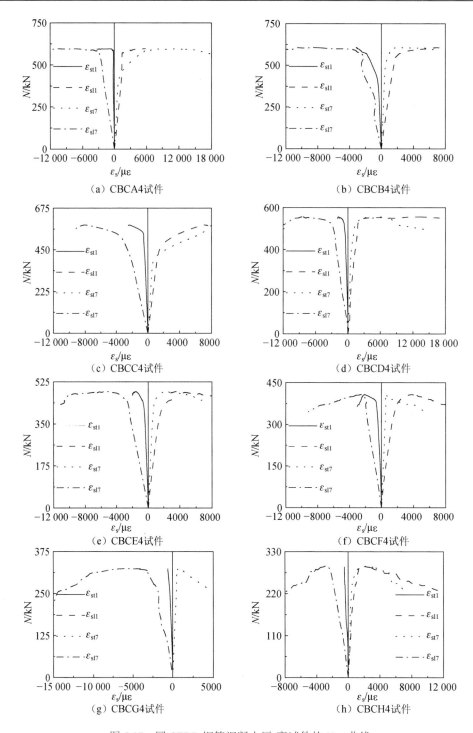

图 5.17　圆 CFRP-钢管混凝土压-弯试件的 N-ε_s 曲线

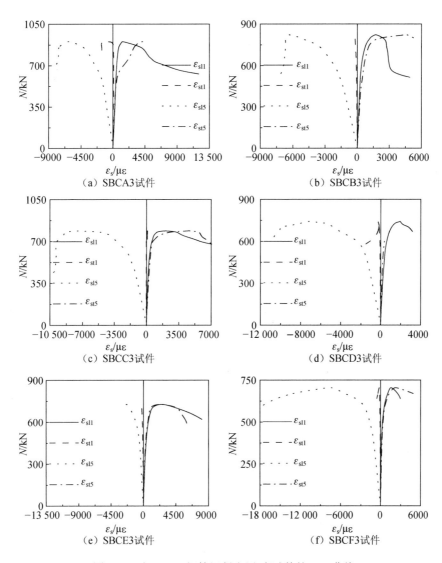

（a）SBCA3试件　　　　（b）SBCB3试件

（c）SBCC3试件　　　　（d）SBCD3试件

（e）SBCE3试件　　　　（f）SBCF3试件

图 5.18　方 CFRP-钢管混凝土压-弯试件的 N-ε_s 曲线

5.2　有限元模拟

5.2.1　有限元计算模型

在 CFRP-钢管混凝土压-弯构件有限元模拟时采用的钢管、混凝土和 CFRP 的应力-应变关系与 CFRP-钢管混凝土受弯构件的相同，其单元选取、网格划分、界面模型和边界条件（取实际偏心距）的处理方法与 CFRP-钢管混凝土轴压中长柱的一致。

5.2.2　模拟结果与试验结果的比较

1. N-u_m 曲线

图 5.19 和图 5.20 分别为圆 CFRP-钢管混凝土压-弯试件和方 CFRP-钢管混凝土压-弯试件的 N-u_m 曲线模拟结果与试验结果的比较。可见，模拟结果与试验结果吻合良好。

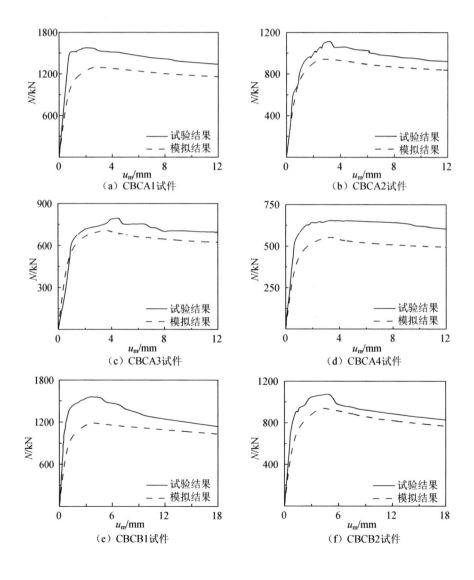

（a）CBCA1试件

（b）CBCA2试件

（c）CBCA3试件

（d）CBCA4试件

（e）CBCB1试件

（f）CBCB2试件

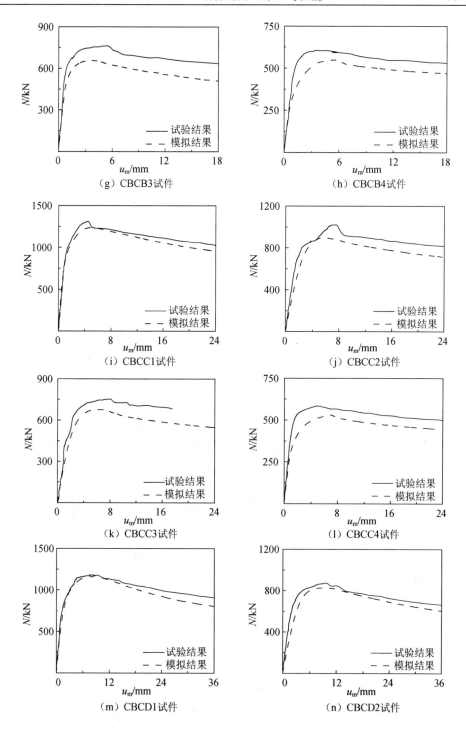

（g）CBCB3试件

（h）CBCB4试件

（i）CBCC1试件

（j）CBCC2试件

（k）CBCC3试件

（l）CBCC4试件

（m）CBCD1试件

（n）CBCD2试件

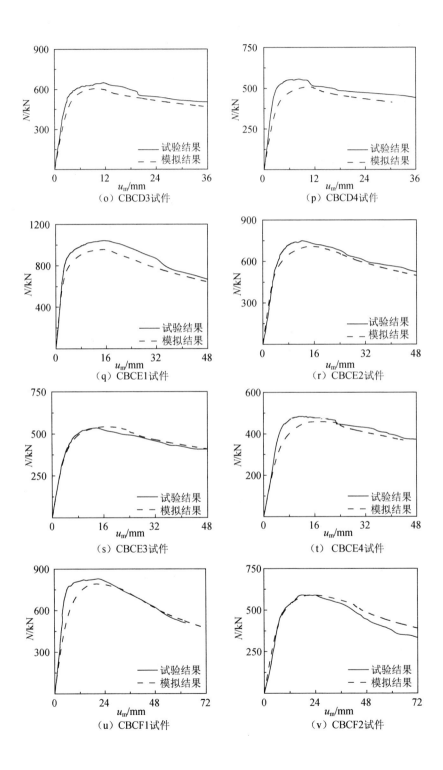

（o）CBCD3试件　　　　　　　　　（p）CBCD4试件

（q）CBCE1试件　　　　　　　　　（r）CBCE2试件

（s）CBCE3试件　　　　　　　　　（t）CBCE4试件

（u）CBCF1试件　　　　　　　　　（v）CBCF2试件

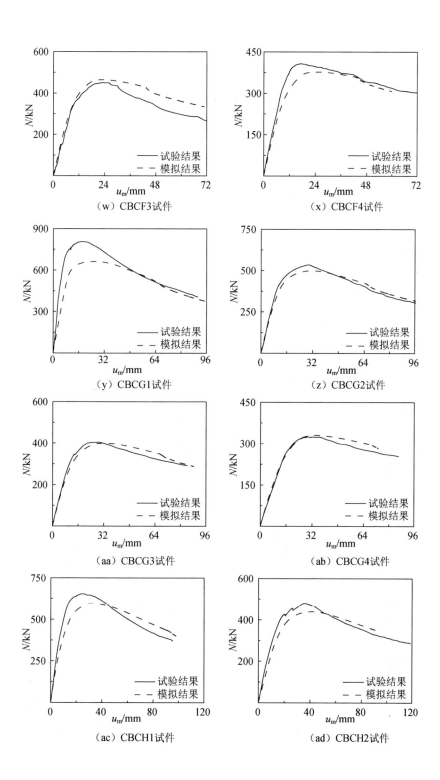

（w）CBCF3试件

（x）CBCF4试件

（y）CBCG1试件

（z）CBCG2试件

（aa）CBCG3试件

（ab）CBCG4试件

（ac）CBCH1试件

（ad）CBCH2试件

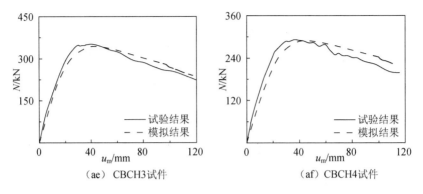

（ae）CBCH3试件   （af）CBCH4试件

图 5.19   圆 CFRP-钢管混凝土压-弯试件的 N-u_m 曲线模拟结果与试验结果的比较

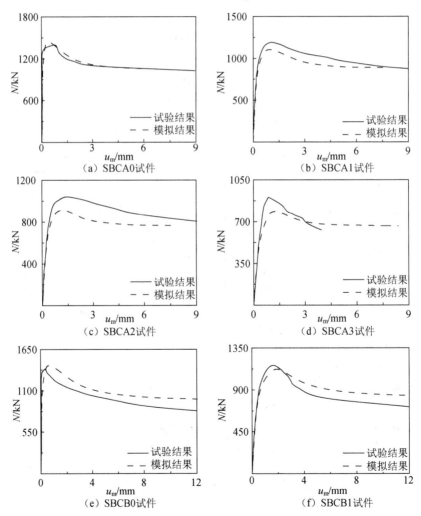

（a）SBCA0试件   （b）SBCA1试件

（c）SBCA2试件   （d）SBCA3试件

（e）SBCB0试件   （f）SBCB1试件

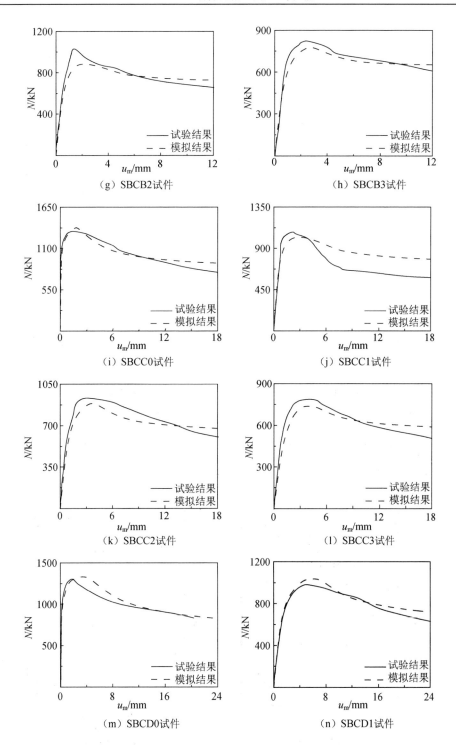

（g）SBCB2试件

（h）SBCB3试件

（i）SBCC0试件

（j）SBCC1试件

（k）SBCC2试件

（l）SBCC3试件

（m）SBCD0试件

（n）SBCD1试件

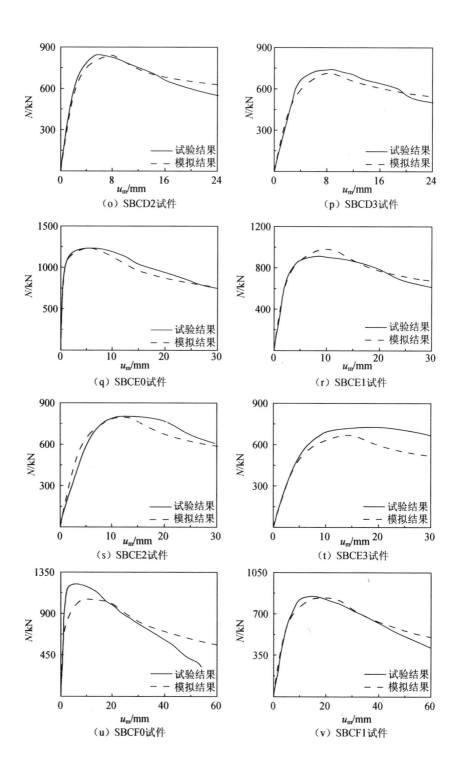

（o）SBCD2试件　　　　　　　　　（p）SBCD3试件

（q）SBCE0试件　　　　　　　　　（r）SBCE1试件

（s）SBCE2试件　　　　　　　　　（t）SBCE3试件

（u）SBCF0试件　　　　　　　　　（v）SBCF1试件

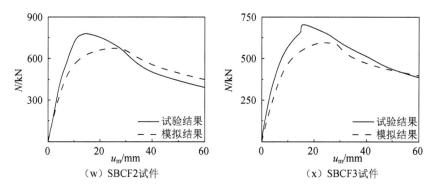

（w）SBCF2试件　　　　　　（x）SBCF3试件

图 5.20　方 CFRP-钢管混凝土压-弯试件的 N-u_m 曲线
模拟结果与试验结果的比较

2. 变形模态

图 5.21 和图 5.22 分别为圆 CFRP-钢管混凝土压-弯试件和方 CFRP-钢管混凝土压-弯试件的变形模态。可见，模拟结果与试验结果吻合良好。

（a）试验结果

（b）模拟结果

图 5.21　圆 CFRP-钢管混凝土压-弯试件的变形模态

（a）试验结果

（b）模拟结果

图 5.22　方 CFRP-钢管混凝土压-弯试件的变形模态

5.3 受力全过程分析

图 5.23 为 CFRP-钢管混凝土压-弯构件典型的 $N\text{-}u_m$ 曲线。这里将该曲线分成 3 个阶段并选取 5 个特征点，弹性段（0～1 点）：荷载与挠度成线性关系，1 点对应钢管最大纤维压应力达到钢材比例极限；弹塑性阶段（1～2 点）：构件中截面开始略有塑性发展区，2 点对应构件达到承载力；下降段（2 点以后）：钢截面的塑性区不断增大，3 点对应受压区横向 CFRP 断裂，4 点对应纵向 CFRP 断裂，5 点对应构件中截面挠度约为 $L/25$。通过各特征点处构件的应变和应力状态来分析其在整个受力过程中的工作机理。计算参数：D_s=400mm、t_s=9.3mm、f_y=345MPa、f_{cu}=60MPa、λ=40、ξ_{cf}=0.0383、η=0.163、e=0.5、E_s=206GPa、v_s=0.3 和 E_c=4700 $f_c'^{0.5}$（MPa）（圆构件）；B_s=140mm、t_s=3.5mm、f_y=300MPa、f_{cu}=50MPa、λ=31.2、ξ_{cf}=0.132、η=0.249、e=0.4、E_s=206GPa、v_s=0.3 和 E_c=4700 $f_c'^{0.5}$（MPa）（方构件）。

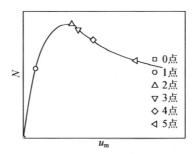

图 5.23 CFRP-钢管混凝土压-弯构件典型的 $N\text{-}u_m$ 曲线

1. 混凝土的应力与应变

1）应力分析

图 5.24 和图 5.25 分别为圆 CFRP-钢管混凝土压-弯构件和方 CFRP-钢管混凝土压-弯构件中截面混凝土的纵向应力分布。可见，随着挠度的不断增加，混凝土受压区的面积不断减少，受拉区的面积不断增加。

图 5.26 和图 5.27 分别为圆 CFRP-钢管混凝土压-弯构件和方 CFRP-钢管混凝土压-弯构件混凝土的纵向应力分布。可见，混凝土应力沿长度方向分布不均匀，并且中截面受压区混凝土的纵向应力逐渐增大。

图 5.28 和图 5.29 分别为在不同偏心率下的圆 CFRP-钢管混凝土压-弯构件和方 CFRP-钢管混凝土压-弯构件达到承载力时中截面混凝土的纵向应力分布。可见，在达到承载力时，若偏心率较小，则混凝土全截面受压；随着偏心率的增大，混凝土截面出现受拉区并且受拉区面积也随着增大。

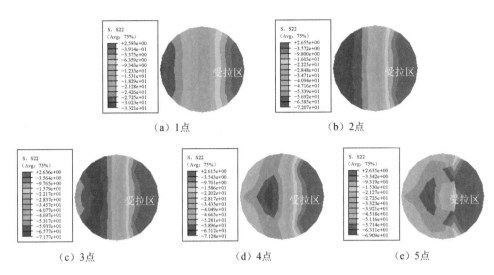

图 5.24 圆 CFRP-钢管混凝土压-弯构件中截面混凝土
的纵向应力分布

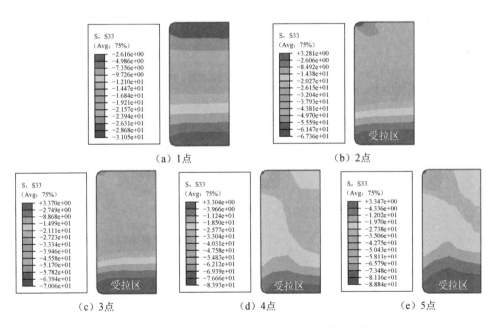

图 5.25 方 CFRP-钢管混凝土压-弯构件中截面混凝土
的纵向应力分布

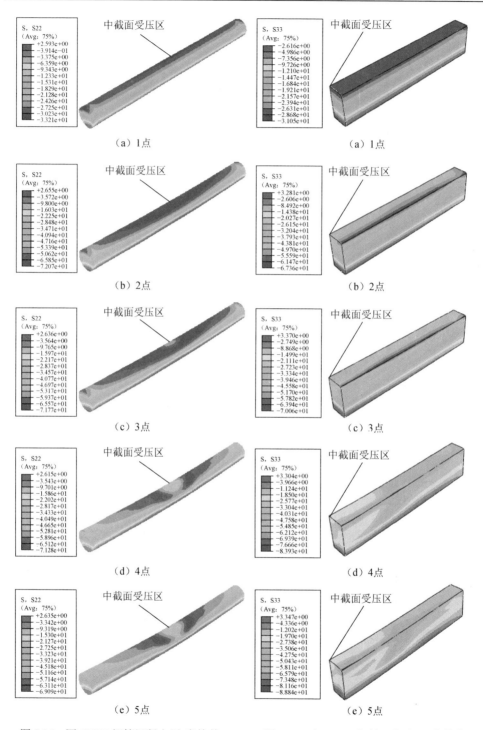

图 5.26　圆 CFRP-钢管混凝土压-弯构件　　　图 5.27　方 CFRP-钢管混凝土压-弯构件

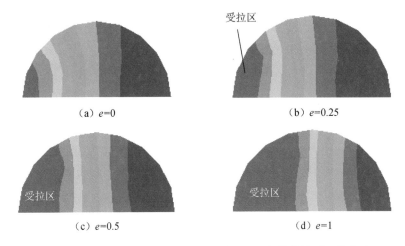

图 5.28　不同 e 下的圆 CFRP-钢管混凝土压-弯构件达到承载力时
中截面混凝土的纵向应力分布

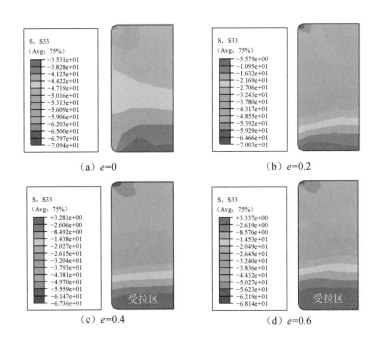

图 5.29　不同 e 下的方 CFRP-钢管混凝土压-弯构件达到承载力时
中截面混凝土的纵向应力分布

2）应变分析

图 5.30 和图 5.31 分别为圆 CFRP-钢管混凝土压-弯构件和方 CFRP-钢管混凝土压-弯构件混凝土的纵向塑性应变分布。在 1 点，由于处在弹性阶段，混凝土截

面没有出现塑性应变，但随着构件中截面挠度的增加，混凝土截面开始出现塑性应变，随着 CFRP 的断裂，塑性应变逐渐变大，并且在构件中截面塑性应变值最大，混凝土塑性区域也从中部逐渐向两端发展。

2. 钢管的应力

图 5.32 和图 5.33 分别为圆 CFRP-钢管混凝土压-弯构件和方 CFRP-钢管混凝土压-弯构件钢管的 Mises 应力分布。可见，在 1 点，由于荷载较小，钢管还处于弹性阶段，应变沿长度方向分布比较均匀；在 2 点，荷载达到承载力，中截面受压区钢管最先进入屈服阶段，此后中截面受拉区钢管也逐渐屈服；在 3 点，随着横向 CFRP 的断裂，钢管屈服区域逐渐向构件的两端发展；在 4 点，纵向 CFRP 断裂，钢管屈服区域向构件两端发展更加明显。

图 5.34 和图 5.35 分别为圆 CFRP-钢管混凝土压-弯构件和方 CFRP-钢管混凝土压-弯构件钢管的纵向应力分布。可见，圆 CFRP-钢管混凝土压-弯构件截面既有受拉区又有受压区。在 1 点，应力分布均匀，受压区面积大于受拉区；在 1 点之后，受拉区面积逐渐增加，受压区面积减少；拉应力在全过程中逐渐增加，而压应力在 2 点以后减小。方 CFRP-钢管混凝土压-弯构件在 1 点之前全截面受压，在 2 点后应力逐渐增加，且受拉区面积增加、受压区面积减少。

3. CFRP 的应力

图 5.36 和图 5.37 分别为圆 CFRP-钢管混凝土压-弯构件和方 CFRP-钢管混凝土压-弯构件横向 CFRP 的应力分布。可见，在 1 点，构件处于弹性阶段，受压区横向 CFRP 的应力沿构件长度方向分布均匀；荷载达到承载力时（2 点），受压区中截面横向 CFRP 的应力逐渐增大，直到达到其断裂强度而退出工作(3 点)，这说明受压区的横向 CFRP 给构件提供了很好的约束作用。在整个受力过程中受拉区的横向 CFRP 始终不起作用。不同之处在于，方 CFRP-钢管混凝土压-弯构件横向 CFRP 的断裂主要集中于受压区的弯角处。

图 5.38 和图 5.39 分别为圆 CFRP-钢管混凝土压-弯构件和方 CFRP-钢管混凝土压-弯构件纵向 CFRP 的应力分布。可见，在弹性阶段，纵向 CFRP 的应力分布均匀；此后，受拉区中截面应力逐渐增大，纵向 CFRP 还处在弹性阶段，并没有断裂；随着中截面挠度的增加，受拉区中截面纵向 CFRP 的应力逐渐增大，直到达到其断裂强度而失效退出工作，说明受拉区的纵向 CFRP 延缓了压-弯构件的弯曲变形。在压-弯构件的整个受力过程中受压区的纵向 CFRP 始终不起作用。

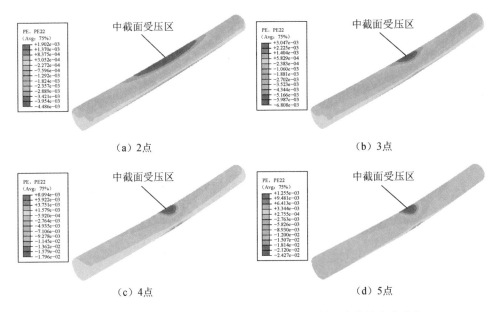

图 5.30　圆 CFRP-钢管混凝土压-弯构件混凝土的纵向塑性应变分布

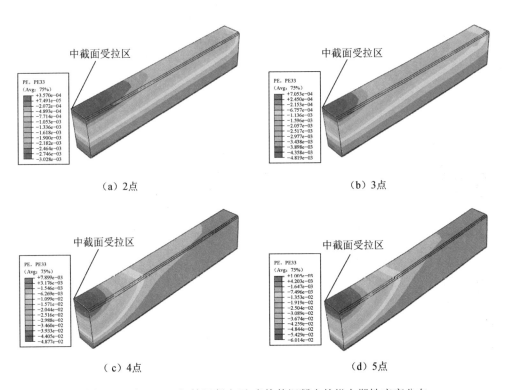

图 5.31　方 CFRP-钢管混凝土压-弯构件混凝土的纵向塑性应变分布

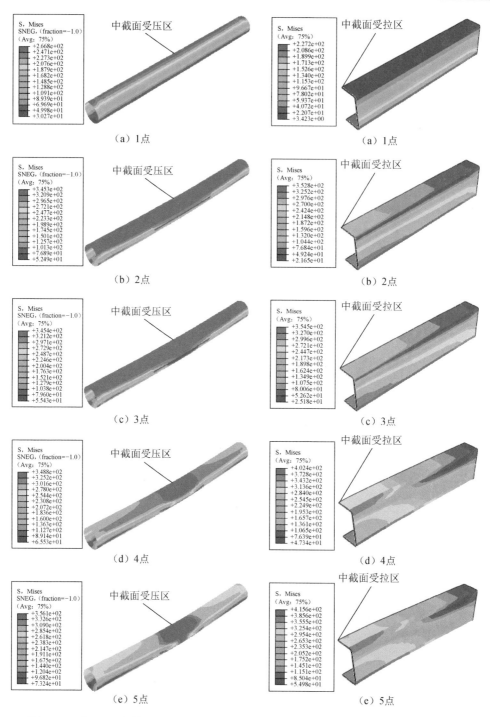

图 5.32　圆 CFRP-钢管混凝土压-弯构件
钢管的 Mises 应力分布

图 5.33　方 CFRP-钢管混凝土压-弯构件
钢管的 Mises 应力分布

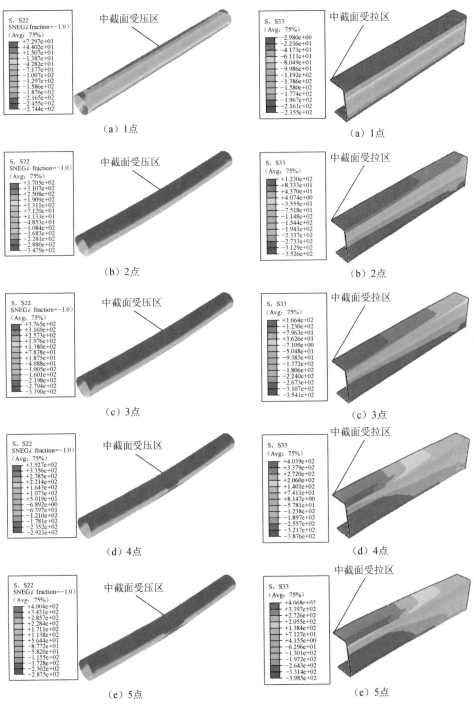

图 5.34　圆 CFRP-钢管混凝土压-弯构件
钢管的纵向应力分布

图 5.35　方 CFRP-钢管混凝土压-弯构件
钢管的纵向应力分布

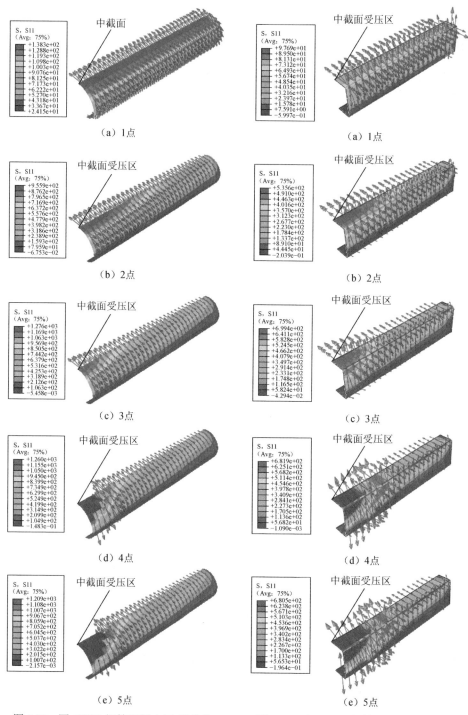

图 5.36　圆 CFRP-钢管混凝土压-弯构件
横向 CFRP 的应力分布

图 5.37　方 CFRP-钢管混凝土压-弯构件
横向 CFRP 的应力分布

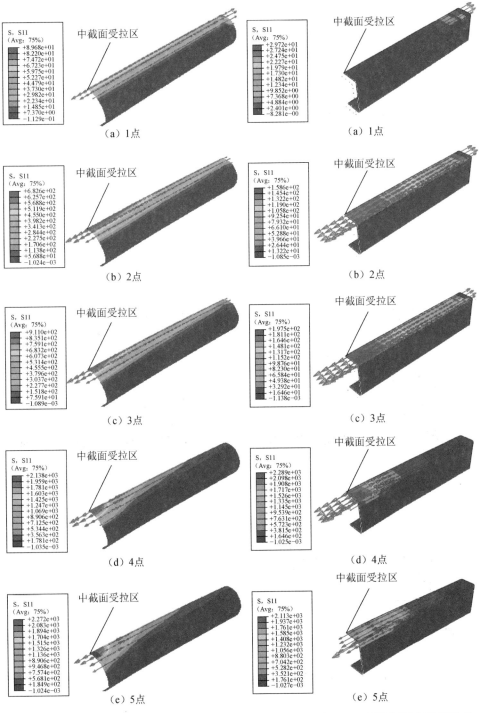

图 5.38 圆 CFRP-钢管混凝土压-弯构件
纵向 CFRP 的应力分布

图 5.39 方 CFRP-钢管混凝土压-弯构件
纵向 CFRP 的应力分布

5.4　理　论　分　析

5.4.1　外管与混凝土的相互作用力分析

1. 圆 CFRP-钢管混凝土压-弯构件

图 5.40 为圆 CFRP-钢管混凝土压-弯构件中截面 A 点（受压区）、B 点（中和轴）和 C 点（受拉区）外管与混凝土的相互作用力-挠度（p-u_m）曲线。可见，在受压区横向 CFRP 断裂（3 点）前，A 点的相互作用力大于 C 点的；当受拉区纵向 CFRP 断裂（4 点）后，由于 B 点的横向 CFRP 并没有断裂，仍对内部的钢管混凝土有约束作用，B 点的相互作用力逐渐大于 A 点的。图 5.41 为圆 CFRP-钢管混凝土压-弯构件受压区距离端板 $L/2$、$3L/8$ 和 $L/4$ 高度处的 p-u_m 曲线。可见，受压区中截面处的相互作用力较大，随着距中截面距离的增加，相互作用力逐渐减小。

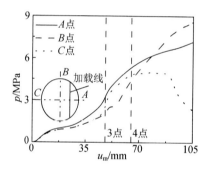

图 5.40　圆 CFRP-钢管混凝土压-弯构件中
截面不同区域的 p-u_m 曲线

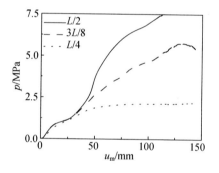

图 5.41　圆 CFRP-钢管混凝土压-弯构件
受压区不同高度处的 p-u_m 曲线

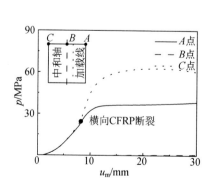

图 5.42　方 CFRP-钢管混凝土压-弯构件中
截面不同区域的 p-u_m 曲线

比较图 5.40 和图 5.41 可知，圆 CFRP-钢管混凝土压-弯构件的外管与混凝土的相互作用力从受压区到受拉区逐渐减小；在受压区，随着距构件中截面的距离增加，相互作用力逐渐减小。

2. 方 CFRP-钢管混凝土压-弯构件

图 5.42 为方 CFRP-钢管混凝土压-弯构件中截面 A 点（受压区弯角处）、B 点（截面边长中点）和 C 点（受拉区弯角处）

的 p-u_m 曲线。可见,受压区和受拉区的外管和混凝土之间都存在相互作用力。在受压区横向 CFRP 断裂前,A 点和 C 点的相互作用力相近;在受压区横向 CFRP 断裂后,C 点的相互作用力逐渐大于 A 点的,且截面弯角处的相互作用力较大。这与圆 CFRP-钢管混凝土压-弯构件的结果有所不同。

图 5.43 为方 CFRP-钢管混凝土压-弯构件距离端板 $L/2$、$3L/8$ 和 $L/4$ 高度弯角处的 p-u_m 曲线。可见,受压区和受拉区都是中截面的相互作用力较大,随着距中截面距离的增加,相互作用力逐渐减小。

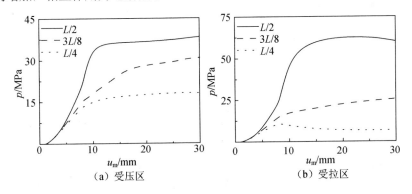

图 5.43　方 CFRP-钢管混凝土压-弯构件不同高度弯角处的 p-u_m 曲线

5.4.2　钢管与混凝土之间黏结强度的影响

1. 对承载力的影响

图 5.44 为黏结强度对 CFRP-钢管混凝土压-弯构件 N-u_m 曲线的影响。可见,随着黏结强度(μ)的增加,圆构件的承载力略有增加,而方构件的承载力基本不变;不论是圆构件还是方构件,黏结强度对其 N-u_m 曲线弹性阶段的刚度基本没有影响。

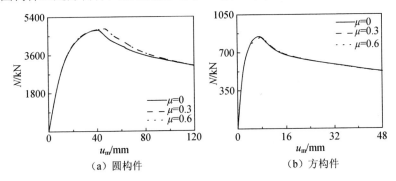

图 5.44　黏结强度对 CFRP-钢管混凝土压-弯构件 N-u_m 曲线的影响

2. 对相互作用力的影响

图 5.45 和图 5.46 分别为黏结强度对圆 CFRP-钢管混凝土压-弯构件和方 CFRP-

钢管混凝土压-弯构件 p-u_m 曲线的影响。

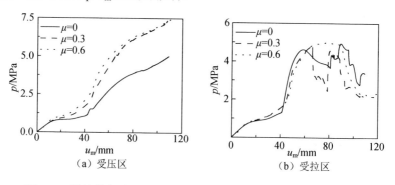

（a）受压区　　　　　　　　（b）受拉区

图 5.45　黏结强度对圆 CFRP-钢管混凝土压-弯构件 p-u_m 曲线的影响

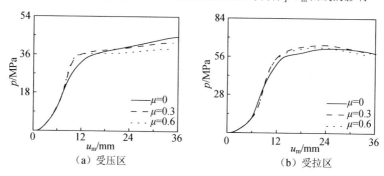

（a）受压区　　　　　　　　（b）受拉区

图 5.46　黏结强度对方 CFRP-钢管混凝土压-弯构件 p-u_m 曲线的影响

可见，在受压区，p 随黏结强度的增加而增加（圆构件更加显著）；在受拉区，随着黏结强度的增加，圆构件的相互作用力变化不明显，方构件的相互作用力则略有增加。

5.4.3　加载路径的影响

压-弯构件有三种不同的加载路径（图 5.47）。路径Ⅰ：先施加轴压力 N，然后保持 N 的大小和方向不变，再作用弯矩 M；路径Ⅱ：轴压力 N 和弯矩 M 按比例增加；路径Ⅲ：先施加弯矩 M，然后保持 M 的大小和方向不变，再施加轴压力 N。不断改变计算参数，便可获得 CFRP-钢管混凝土压-弯构件 N-M 曲线。

图 5.48 为在不同加载路径下的 CFRP-钢管混凝土压-弯构件的 N-M 曲线。可见，加载路径对 CFRP-钢管混凝土压-弯构件的承载力影响不大。加载路径Ⅰ下，构件的承载力稍高些，可能因为

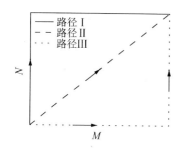

图 5.47　压-弯构件的加载路径

加载路径 I 下构件先受压再受弯，因此钢管及其混凝土之间的组合作用会发挥得比加载路径 II 的充分些。

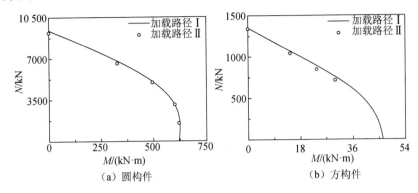

（a）圆构件　　　　　　　　　（b）方构件

图 5.48　不同加载路径下的 CFRP-钢管混凝土压-弯构件的 N-M 曲线

图 5.49 为在不同加载路径情况下，CFRP-钢管混凝土压-弯构件、钢管和混凝土各自分担的轴向荷载。可见，从整体受力过程来看，加载路径不同，钢管和混凝土各自分担的轴向荷载情况不同，但当达到承载力时，加载路径不同，构件、钢管和混凝土的轴向荷载基本相同。

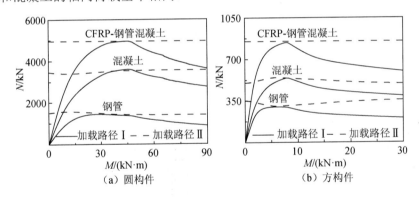

（a）圆构件　　　　　　　　　（b）方构件

图 5.49　不同加载路径情况下 CFRP-钢管混凝土压-弯构件、
钢管和混凝土各自分担的轴向荷载

图 5.50 和图 5.51 分别为在不同加载路径下（圆构件加载路径 I：N=4957kN，M=503.8kN·m；加载路径 II：N=4957kN，M=495.7kN·m；方构件加载路径 I：N=846.06kN，M=24.87kN·m；加载路径 II：N=846.06kN，M=23.69kN·m）圆 CFRP-钢管混凝土压-弯构件和方 CFRP-钢管混凝土压-弯构件达到承载力时中截面混凝土的纵向应力分布。可见，当构件达到各自的承载力时，不同加载路径下中截面混凝土的纵向应力分布差别不大。

由图 5.48～图 5.51 可见，不同加载路径对 CFRP-钢管混凝土压-弯构件的承载力影响不大。

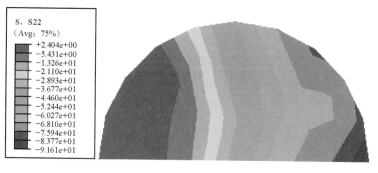

（a）加载路径 I

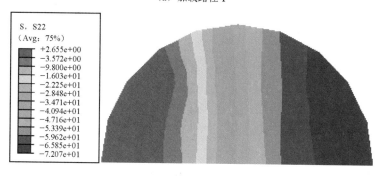

（b）加载路径 II

图 5.50　不同加载路径下圆 CFRP-钢管混凝土压-弯构件达到承载力时
中截面混凝土的应力分布

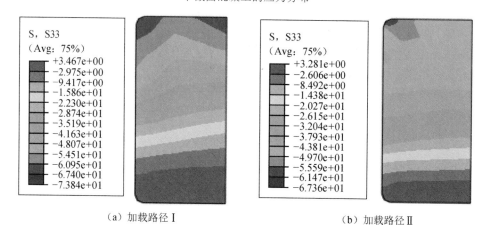

（a）加载路径 I　　　　　　　　　　　（b）加载路径 II

图 5.51　不同加载路径下方 CFRP-钢管混凝土压-弯构件达到承载力时
中截面混凝土的应力分布

5.5 参 数 分 析

影响 CFRP-钢管混凝土压-弯构件的 N-u_m 曲线的可能参数有偏心率、长细比、CFRP 层数、钢材屈服强度、混凝土强度和含钢率等。下面采用典型算例分析以上参数对 CFRP-钢管混凝土压-弯构件 N-u_m 曲线的影响。

1. 偏心率的影响

图 5.52 为偏心率对 CFRP-钢管混凝土压-弯构件 N-u_m 曲线的影响。可见，随着 e 的增加，曲线的形状没有明显变化，弹性阶段的刚度和构件的承载力都明显降低。

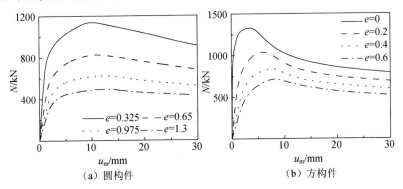

（a）圆构件　　　（b）方构件

图 5.52　e 对 CFRP-钢管混凝土压-弯构件 N-u_m 曲线的影响

2. 长细比的影响

图 5.53 为长细比对 CFRP-钢管混凝土压-弯构件 N-u_m 曲线的影响。可见，随着 λ 的增加，构件承载力和曲线弹性阶段的刚度明显降低，曲线的形状发生明显变化。

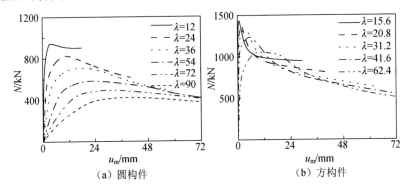

（a）圆构件　　　（b）方构件

图 5.53　λ 对 CFRP-钢管混凝土压-弯构件 N-u_m 曲线的影响

3. 纵向 CFRP 层数的影响

图 5.54 为纵向 CFRP 层数对 CFRP-钢管混凝土压-弯构件 N-u_m 曲线的影响。可见，

随着 m_l 的增加，曲线的形状与弹性阶段的刚度没有变化，构件的承载力略有提高。

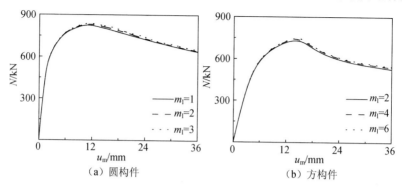

（a）圆构件　　　　　　　　（b）方构件

图 5.54　m_l 对 CFRP-钢管混凝土压-弯构件 N-u_m 曲线的影响

4. 横向 CFRP 层数的影响

图 5.55 为横向 CFRP 层数对 CFRP-钢管混凝土压-弯构件 N-u_m 曲线的影响。可见，随着 m_t 的增加，曲线的整体形状和弹性阶段的刚度基本不变，但构件承载力有一定程度的提高。

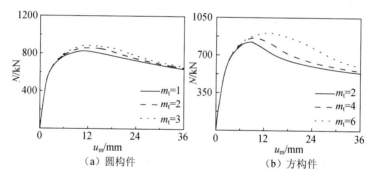

（a）圆构件　　　　　　　　（b）方构件

图 5.55　m_t 对 CFRP-钢管混凝土压-弯构件 N-u_m 曲线的影响

5. 钢材屈服强度的影响

图 5.56 为钢材屈服强度对 CFRP-钢管混凝土压-弯构件 N-u_m 曲线的影响。可见，随着 f_y 的增加，曲线的形状和弹性阶段的刚度无明显变化，构件的承载力明显提高。

6. 混凝土强度的影响

图 5.57 为混凝土强度对 CFRP-钢管混凝土压-弯构件 N-u_m 曲线的影响。可见，随着 f_{cu} 的增加，构件的承载力不断提高，曲线的形状和弹性阶段的刚度均无明显变化。

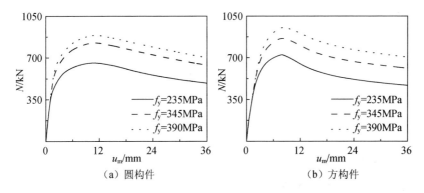

图 5.56 f_y 对 CFRP-钢管混凝土压-弯构件 N-u_m 曲线的影响

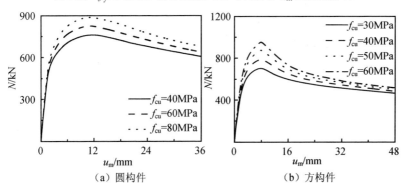

图 5.57 f_{cu} 对 CFRP-钢管混凝土压-弯构件 N-u_m 曲线的影响

7. 含钢率的影响

图 5.58 为含钢率对 CFRP-钢管混凝土压-弯构件 N-u_m 曲线的影响。可见，随着 α 的增加，构件的承载力不断提高，曲线弹性阶段的刚度略有增加，但曲线的形状没有变化。

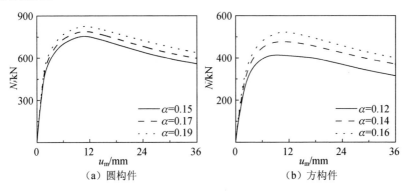

图 5.58 α 对 CFRP-钢管混凝土压-弯构件的 N-u_m 曲线的影响

5.6　压-弯承载力相关方程

1. 压-弯承载力相关方程表达式

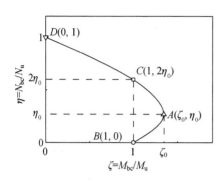

图 5.59　CFRP-钢管混凝土压-弯构件
典型的 N_{bc}/N_u-M_{bc}/M_u 曲线

图 5.59 为 CFRP-钢管混凝土压-弯构件典型的 N_{bc}/N_u-M_{bc}/M_u 曲线，N_{bc} 为 CFRP-钢管混凝土压-弯构件的抗压承载力，M_{bc} 为 CFRP-钢管混凝土压-弯构件的抗弯承载力。

通过对 CFRP-钢管混凝土压-弯构件 N-u_m 曲线进行大量参数计算（计算参数/适用范围：f_y=200～400MPa、f_{cu}=30～120MPa、ξ_s=0.2～4、ξ_{cf}=0～0.6 和 η=0～0.9），获得平衡点 A（图 5.59）的横坐标值 ζ_0 和纵坐标值 η_0（都与总约束系数 ξ 有关）的表达式如下。

圆构件：

$$\zeta_0=0.18\xi^{-1.15}+1 \tag{5.2a}$$

方构件：

$$\zeta_0=0.14\xi^{-1}+1 \tag{5.2b}$$

圆构件：

$$\eta_0=\begin{cases}0.5-0.245\xi & (\xi\leqslant0.4)\\0.1+0.14\xi^{-0.84} & (\xi>0.4)\end{cases} \tag{5.3a}$$

方构件：

$$\eta_0=\begin{cases}0.5-0.318\xi & (\xi\leqslant0.4)\\0.1+0.13\xi^{-0.81} & (\xi>0.4)\end{cases} \tag{5.3b}$$

该 N_{bc}/N_u-M_{bc}/M_u 曲线大致可分为以下两部分。

（1）C-D 段（$N_{bc}/N_u\geqslant2\eta_0$）：

$$\frac{N_{bc}}{N_u}+\frac{aM_{bc}}{M_u}=1 \tag{5.4}$$

（2）C-A-B 段（$N_{bc}/N_u<2\eta_0$）：

$$-b\left(\frac{N_{bc}}{N_u}\right)^2-\frac{cN_{bc}}{N_u}+\frac{M_{bc}}{M_u}=1 \tag{5.5}$$

其中

$$a=1-2\eta_0, \quad b=\frac{1-\zeta_0}{\eta_0^2}, \quad c=\frac{2(\zeta_0-1)}{\eta_0}$$

考虑构件长细比的影响,最终可得 CFRP-钢管混凝土压-弯构件 N_{bc}/N_u-M_{bc}/M_u 相关方程为

$$\begin{cases} \dfrac{1}{\varphi}\dfrac{N_{bc}}{N_u}+\dfrac{a}{d}\dfrac{M_{bc}}{M_u}=1 & \left(N_{bc}/N_u \geqslant 2\varphi^3\eta_0\right) \\ -b\left(\dfrac{N_{bc}}{N_u}\right)^2-c\dfrac{N_{bc}}{N_u}+\dfrac{1}{d}\dfrac{M_{bc}}{M_u}=1 & \left(N_{bc}/N_u < 2\varphi^3\eta_0\right) \end{cases} \quad (5.6)$$

其中

$$a=1-2\varphi^2\eta_0, \quad b=(1-\zeta_0)/(\varphi^3\eta_0^2), \quad c=2(\zeta_0-1)/\eta_0$$
$$d=1-0.4(N/N_E)（圆构件）, \quad d=1-0.25(N/N_E)（方构件）$$

式中:$1/d$ 是考虑由于二阶效应而对弯矩的放大系数;N_E 为欧拉临界力,即

$$N_E=\frac{\pi^2 E_{cfsc} A_{cfsc}}{\lambda^2} \quad (5.7)$$

2. 相关方程的验证

图 5.60 为 CFRP-钢管混凝土压-弯试件的抗压承载力计算值 N_{bc}^c 与试验值 N_{bc}^t 的比较。圆试件 N_{bc}^c/N_{bc}^t 的平均值为 0.935,均方差为 0.109;方试件 N_{bc}^c/N_{bc}^t 的平均值为 0.946,均方差为 0.046。可见,计算结果与试验结果吻合良好。

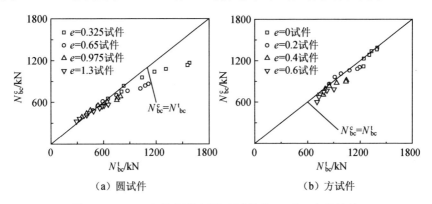

（a）圆试件　　　　　　　　　（b）方试件

图 5.60 CFRP-钢管混凝土压-弯试件的 N_{bc}^c 与 N_{bc}^t 的比较

5.7　本章小结

基于本章的研究可以得到以下结论。

（1）CFRP-钢管混凝土压-弯试件的破坏属于延性破坏，在达到承载力之后，试件可以经历较大的变形而同时保持相当的承载力；试件的荷载-中截面挠度曲线可以划分为弹性阶段、弹塑性阶段和下降阶段。

（2）钢管纵向应变沿截面高度的分布基本符合平截面假定；钢管和 CFRP 在纵向和横向都可以协同工作；同一点的纵向应变和横向应变异号；纵向受拉的钢管对混凝土没有约束作用。

（3）应用 ABAQUS 可以较好地模拟 CFRP-钢管混凝土压-弯试件的 N-u_m 曲线和变形模态。

（4）分析了 CFRP-钢管混凝土压-弯构件各组成材料的应力分布，模拟结果与试验结果吻合良好；随着荷载的增加，构件从全截面受压到部分截面受压；钢管在柱中截面首先屈服，然后向端板发展；横向受拉的 CFRP 对构件起到了很好的约束作用，纵向受拉的 CFRP 对构件起到了很好的增强作用；黏结强度对试件的承载力和弹性阶段的刚度以及对钢管与混凝土的相互作用力基本没有影响，不同加载路径对试件的静力性能影响也不大。对于方构件，钢管与混凝土的相互作用力在中截面最大，向端板逐渐减小；沿截面边长在弯角处最大，向边长中点逐渐减小。

（5）参数分析的结果表明，混凝土强度、钢材屈服强度和含钢率的提高可以显著提高 CFRP-钢管混凝土压-弯构件的抗压承载力，纵向 CFRP 层数和横向 CFRP 层数的增多仅使承载力略有提高；随着含钢率的提高，弹性阶段的刚度略有提高，而增大长细比或者偏心率会显著降低承载力和弹性阶段的刚度，并且长细比的变化会改变荷载-变形曲线的形状。

（6）给出了 CFRP-钢管混凝土压-弯构件承载力的相关方程，应用该相关方程的计算结果与试验结果吻合良好。

6 CFRP-钢管混凝土的压-弯滞回性能

在工程实践中,结构构件除了承受静载作用之外,还往往承受滞回荷载的作用,如风荷载、地震荷载和海啸作用等,而滞回荷载对结构的破坏更为严重。因此,开展 CFRP-钢管混凝土在滞回力作用下的力学性能的研究就尤为必要。本章研究 CFRP-钢管混凝土在恒定轴压力-中截面侧向滞回力作用下的力学性能。

为了了解 CFRP-钢管混凝土的压-弯滞回性能,本书作者分别进行了 12 个圆 CFRP-钢管混凝土压-弯试件[132-135]和 12 个方 CFRP-钢管混凝土压-弯试件[136-138]的滞回试验,试件上同时粘贴横向 CFRP 和纵向 CFRP。对试件的破坏形态、挠曲线形状、中截面侧向力-挠度(P-Δ)曲线、中截面弯矩-曲率(M-ϕ)曲线、中截面挠度-轴向变形(Δ-Δ')曲线、中截面侧向力-应变(P-ε)曲线以及钢管与 CFRP 的协同工作等进行了探讨;考察了轴压比和纵向 CFRP 增强系数对试件的 P-Δ 骨架曲线、M-ϕ 骨架曲线、强度退化、刚度与刚度退化、延性、累积耗能和能量耗散等的影响;应用 ABAQUS 模拟了试件的 P-Δ 曲线和变形模态等。以上述研究为基础,对构件的各组成材料的应力分布以及外管与混凝土的相互作用力等进行了受力全过程和理论分析;探讨了轴压比、长细比、CFRP 的层数、钢材屈服强度、混凝土强度和含钢率等对构件滞回性能的影响;基于性能分析,提出了 CFRP-钢管混凝土压-弯构件的恢复力模型并加以验证。

6.1 试 验 研 究

6.1.1 试件的设计与材料性能

1. 试件的设计

1)圆 CFRP-钢管混凝土压-弯滞回性能试件

本书作者进行了 12 个圆 CFRP-钢管混凝土压-弯试件的滞回性能试验,主要参数包括轴压比 n 和纵向 CFRP 增强系数 η,其中,

$$n = \frac{N_0}{N_{u,cr}} \tag{6.1}$$

式中:N_0 为施加于试件上的轴力,其具体数值见表 6.1。

试件的计算长度 L 均为 2000mm,钢管的外径 D_s 均为 140mm,钢管的壁厚 t_s

均为 4mm，横向 CFRP 的层数 m_t 均为 1。其他参数见表 6.1。

表 6.1　圆 CFRP-钢管混凝土压-弯滞回性能试件的参数

序号	编号	n	m_l/层	η	N_0/kN	Δ_y/mm
1	CBCHA0	0	0	0	0	12.1
2	CBCHA1	0	1	0.157	0	13.1
3	CBCHA2	0	2	0.314	0	13.1
4	CBCHB0	0.2	0	0	228	13.1
5	CBCHB1	0.2	1	0.157	230	12.1
6	CBCHB2	0.2	2	0.314	233	12.1
7	CBCHC0	0.4	0	0	455	11.3
8	CBCHC1	0.4	1	0.157	460	9.3
9	CBCHC2	0.4	2	0.314	466	8.6
10	CBCHD0	0.6	0	0	681	11.1
11	CBCHD1	0.6	1	0.157	691	10.1
12	CBCHD2	0.6	2	0.314	698	6.6

注：编号中"CBC"指的是圆压-弯试件（circular beam-column）；第四个字母"H"指的是滞回（hysteretic）；第五个字母"A、B、C、D"指的是轴压比 n 分别为 0、0.2、0.4、0.6；阿拉伯数字"0、1、2"指的是 m_l 的值；Δ_y 为屈服位移。

2）方 CFRP-钢管混凝土压-弯滞回性能试件

本书作者进行了 12 个方 CFRP-钢管混凝土压-弯试件的滞回性能试验，主要参数包括轴压比 n 和纵向 CFRP 增强系数 η。试件的计算长度 L 均为 2000mm，钢管的外边长 B_s 均为 140mm，钢管的壁厚 t_s 均为 4mm，横向 CFRP 的层数 m_t 均为 1。其他参数见表 6.2。

表 6.2　方 CFRP-钢管混凝土压-弯滞回性能试件的参数

序号	编号	n	m_l/层	η	N_0/kN	Δ_y/mm
1	SBCHA0	0	0	0	0	16.1
2	SBCHA1	0	1	0.17	0	14.1
3	SBCHA2	0	2	0.34	0	14.1
4	SBCHB0	0.2	0	0	263	10.1
5	SBCHB1	0.2	1	0.17	268	11.1
6	SBCHB2	0.2	2	0.34	273	14.1
7	SBCHC0	0.4	0	0	526	9.1
8	SBCHC1	0.4	1	0.17	536	9.1
9	SBCHC2	0.4	2	0.34	546	8.1
10	SBCHD0	0.6	0	0	789	5.1
11	SBCHD1	0.6	1	0.17	804	7.1
12	SBCHD2	0.6	2	0.34	819	8.1

注：编号中"SBC"指的是方压-弯试件（square beam-column）；第四个字母"H"指的是滞回（hysteretic）；第五个字母"A、B、C、D"指的是轴压比 n 分别为 0、0.2、0.4、0.6；阿拉伯数字"0、1、2"指的是 m_l 的值。

2. 材料性能

圆 CFRP-钢管混凝土压-弯滞回性能试件采用直缝焊钢管，方 CFRP-钢管混凝土压-弯滞回性能试件采用冷弯型钢管，其弯角处的内倒角半径为 5mm。测得钢材的性能指标如表 6.3 所示。

表 6.3 CFRP-钢管混凝土压-弯滞回性能试件所用的钢管的性能

截面	f_y/MPa	f_u/MPa	E_s/GPa	ε_{sy}/$\mu\varepsilon$	ν_s	ε'/%
圆	325	436	208	2595	0.263	20.6
方	298	425	199	2502	0.28	27

测得 28d 混凝土立方体抗压强度为 f_{cu}=47.8MPa，弹性模量 E_c=34.6GPa，进行滞回试验时混凝土立方体抗压强度为 77.7MPa。采用的碳纤维布与方 CFRP-钢管混凝土轴压短柱所采用的相同。

6.1.2 加载与测量

1. 加载

CFRP-钢管混凝土压-弯滞回性能试件的加载示意图如图 6.1 所示。

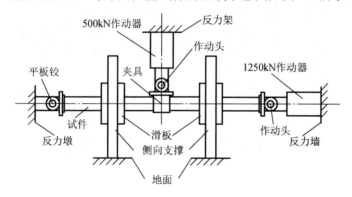

图 6.1 CFRP-钢管混凝土压-弯滞回性能试件的加载示意图

试验时，试件水平放置，其两端铰接，通过水平设置的电液伺服系统作动器（1250kN）施加轴力，由另一位于中截面竖向设置的电液伺服系统作动器（500kN）施加滞回力，该作动器与试件通过一刚性夹具连接。为了避免加载过程中试件发生面外失稳，设计了一套（4 件）侧向支撑装置，分别设置于试件的两个四分点处，其侧面布置滑板与试件接触以保证加载过程中试件在平面内的自由竖直移动，用地锚将侧向支撑与地面刚性连接。CFRP-钢管混凝土压-弯滞回性能试件的加载全貌如图 6.2 所示。

（a）圆试件（CBCHD1）

（b）方试件（SBCHC2）

图 6.2   CFRP-钢管混凝土压-弯滞回性能试件的加载全貌

试验采用荷载-位移控制方法加载[139]。在试验初期采用荷载控制并分级加载，分别按 $0.25P_{uc}$（其中 P_{uc} 为估算的侧向承载力）、$0.5P_{uc}$ 和 $0.7P_{uc}$ 加载，每级荷载循环两圈；此后采用位移控制并分级加载，按 $1.0\Delta_y$、$1.5\Delta_y$、$2.0\Delta_y$、$3.0\Delta_y$、$5.0\Delta_y$、$7.0\Delta_y$ 和 $8.0\Delta_y$ 加载，$\Delta_y=P_{uc}/K_{0.7}$，其中 $K_{0.7}$ 为 $0.7P_{uc}$ 时 $P\text{-}\Delta$ 骨架曲线的割线刚度，前 3 级荷载循环 3 次，其余级荷载循环 2 次。

试验前，先取 $0.5N_0$ 的轴力加、卸载一次，以减小试件内部组织不均匀性带来的影响。停机标准如下：①P 下降到侧向力峰值荷载的 50%；②位移延性系数达到 8（即位移控制加载至 $8\Delta_y$）；③位移接近作动器的量程。

2. 测量

由与竖向设置的电液伺服系统作动器连接的 INV-306D 智能信号采集分析系统直接采集 P 和 Δ，同时绘制 P-Δ 曲线；由与水平设置的电液伺服系统作动器连接的 INV-306D 智能信号采集分析系统直接采集 N_0 和 Δ'；在距离两支座较近的两个四分点处用位移计测量挠度。在中截面的上（1 点）、下（2 点）最外边缘的钢管和 CFRP 管上各粘贴横向、纵向应变片 1 枚以测量应变。

6.1.3 试验现象

1. 圆 CFRP-钢管混凝土压-弯滞回性能试件

在屈服荷载以前，试件的 P-Δ 曲线基本上是线性的，无明显的残余变形；在屈服荷载之后，随着侧向位移的增大，在刚性夹具与试件连接处产生微小鼓曲。此后，轴压比对试验现象有显著影响。

对于小轴压比（$n \leqslant 0.2$）试件，当加载到 $3\Delta_y \sim 5\Delta_y$ 时，在夹具两侧产生微小鼓曲，随着卸载和反向加载，鼓曲又被重新拉平，并引起另一侧受压区的微小鼓曲。当加载到 $5\Delta_y$ 时，对于有纵向 CFRP 的试件，可以偶尔听到"啪啪"声，此时，横向 CFRP 纤维间开裂，但并未拉断，纵向 CFRP 开始零星断裂；当加载到 $7\Delta_y$ 时，鼓曲开始显著发展，并发出连续的爆裂声，此时，横向 CFRP 只是零星断裂，纵向 CFRP 开始大量断裂 [图 6.3（a），CBCHA1 试件既有横向 CFRP 又有纵向 CFRP，但此时可以看见钢管外壁，说明纵向 CFRP 大量断裂]；此后，横向 CFRP 开始大量断裂。对于没有纵向 CFRP 的试件，只是在加载后期挠度很大时，横向 CFRP 才开始大量断裂 [图 6.3（b）]。

（a）CBCHA1试件的纵向CFRP　　　　　（b）CBCHA0试件的横向CFRP

图 6.3　小轴压比圆 CFRP-钢管混凝土压-弯滞回性能试件的 CFRP 的断裂

对于大轴压比（$n \geqslant 0.4$）试件，当加载到 $5\Delta_y \sim 7\Delta_y$ 时，夹具两侧受压区发生微小鼓曲，随着卸载和反向加载，鼓曲又重新被拉平，并引起另一侧受压区的微小鼓曲。加载到 $7\Delta_y$ 后，对于有纵向 CFRP 的试件，可以偶尔听到"啪啪"

声，此时，横向 CFRP 和纵向 CFRP 几乎同时开始渐次断裂 [图 6.4（a）]；对于没有纵向 CFRP 的试件，也是在加载到 $7\Delta_y$ 后，横向 CFRP 才开始渐次断裂 [图 6.4（b）]。

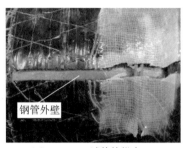 

（a）CBCHC1 试件的纵向 CFRP　　　　　（b）CBCHC0 试件的横向 CFRP

图 6.4　大轴压比圆 CFRP-钢管混凝土压-弯滞回性能试件的 CFRP 的断裂

由于 η 的范围较窄且数值较小，它对试验现象的影响不显著，但总体而言，随着 η 的增大，试件的破坏程度减轻。图 6.5 为加载后的全部圆 CFRP-钢管混凝土压-弯滞回性能试件。

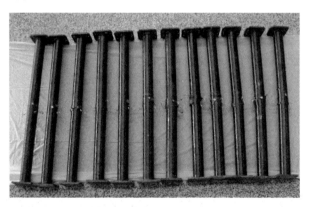

图 6.5　加载后的全部圆 CFRP-钢管混凝土压-弯滞回性能试件

将加载完的圆 CFRP-钢管混凝土压-弯滞回性能试件的外部 CFRP-钢管剖开后可见，对于钢管产生微小鼓曲的圆试件 [图 6.6（a）]，其对应位置的混凝土有微小凸起 [图 6.6（b）]，这说明受圆 CFRP-钢管约束的混凝土表现出良好的塑性填充性能；对于钢管没有明显鼓曲的试件 [图 6.7（a）]，混凝土只有少许裂缝 [图 6.7（b）]。总体而言，圆试件的破坏特征不明显。

2. 方 CFRP-钢管混凝土压-弯滞回性能试件

在 $1\Delta_y\sim2\Delta_y$，中截面附近纵向受拉区的横向 CFRP 纤维间微小开裂，随着位移的增加，开裂不断从上、下边缘向中和轴扩展，并出现一些新的开裂。此后，轴压比对试验现象有较大影响。

（a）钢管

（b）混凝土

图 6.6　产生微小鼓曲的圆 CFRP-钢管混凝土压-弯滞回性能试件的破坏

（a）钢管

（b）混凝土

图 6.7　未产生鼓曲的圆 CFRP-钢管混凝土压-弯滞回性能试件的破坏

对于小轴压比（$n \leqslant 0.2$）试件，加载到 $3\Delta_y$ 时，中截面附近受压区产生微小鼓曲，随着卸载和反向加载，鼓曲又重新被拉平，并引起另一侧受压区的微小鼓曲，且鼓曲随着所加位移的增大而增大，可以偶尔听到"啪啪"声，此时，弯角处横向 CFRP 开始零星断裂；当加载到 $5\Delta_y$ 时，鼓曲开始显著发展，并发出连续的爆裂声，此时，弯角处横向 CFRP 大量断裂，纵向 CFRP 也开始断裂［图 6.8（a）］；当加载到 $7\Delta_y \sim 8\Delta_y$ 时，纵向 CFRP 大量断裂，最终钢管断裂。对于没有纵向 CFRP 的试件，在加载后期挠度很大时，弯角处横向 CFRP 开始大量断裂［图 6.8（b）］，最终钢管断裂［图 6.8（b）］。

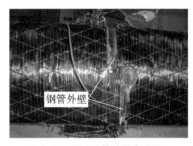

（a）SBCHA1试件的纵向CFRP

（b）SBCHA0试件的横向CFRP和钢管

图 6.8　小轴压比方 CFRP-钢管混凝土压-弯滞回性能试件的 CFRP 和钢管的破坏

对于大轴压比（$n \geqslant 0.4$）试件，加载到 $3\Delta_y$ 时，中截面附近受压区发生微小鼓曲；当加载到 $5\Delta_y$ 时，鼓曲开始显著发展，同时可以偶尔听到"啪啪"声，此时，弯角处横向 CFRP 和纵向 CFRP 几乎同时开始渐次断裂 [图 6.9（a）]；当加载到 $7\Delta_y$ 时，伴随着连续的爆裂声，弯角处横向 CFRP 和纵向 CFRP 大量断裂；当加载到 $8\Delta_y$ 时，中截面钢管明显凸曲。对于没有纵向 CFRP 的试件，在加载后期挠度很大时，弯角处横向 CFRP 开始大量断裂 [图 6.9（b）]。

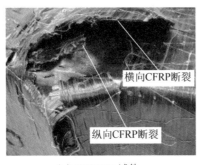

（a）SBCHC1 试件　　　　　　　　（b）SBCHC0 试件

图 6.9　大轴压比方 CFRP-钢管混凝土压-弯滞回性能试件的 CFRP 和钢管的破坏

总体而言，随着 η 的增大，试件的破坏程度减轻。图 6.10 为加载后的全部方 CFRP-钢管混凝土压-弯滞回性能试件。

图 6.10　加载后的全部方 CFRP-钢管混凝土压-弯滞回性能试件

图 6.11～图 6.14 分别为 $n=0$、0.2、0.4 和 0.6 的方 CFRP-钢管混凝土压-弯滞回性能试件的钢管与混凝土的破坏。可见，随着轴压比的增大，钢管和混凝土的破坏程度减轻。由图 6.13 可见，受方 CFRP-钢管约束的混凝土表现出良好的塑性填充性能。

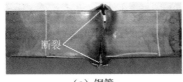

（a）钢管　　　　　　　　　　（b）混凝土

图 6.11　$n=0$ 的方 CFRP-钢管混凝土压-弯滞回性能试件的钢管与混凝土的破坏

（a）钢管　　　　　　　　　　（b）混凝土

图 6.12　n=0.2 的方 CFRP-钢管混凝土压-弯滞回性能试件的钢管与混凝土的破坏

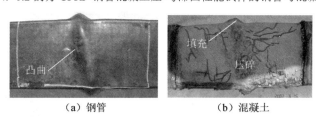

（a）钢管　　　　　　　　　　（b）混凝土

图 6.13　n=0.4 的方 CFRP-钢管混凝土压-弯滞回性能试件的钢管与混凝土的破坏

（a）钢管　　　　　　　　　　（b）混凝土

图 6.14　n=0.6 的方 CFRP-钢管混凝土压-弯滞回性能试件的钢管与混凝土的破坏

6.2　试验结果与初步分析

6.2.1　P-Δ曲线

1. P-Δ滞回曲线

图 6.15 为圆 CFRP-钢管混凝土压-弯滞回性能试件的 P-Δ曲线。

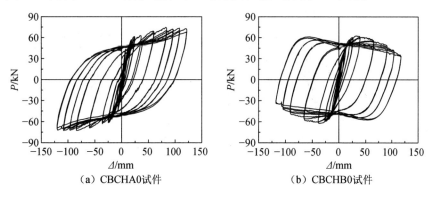

（a）CBCHA0试件　　　　　　　　　（b）CBCHB0试件

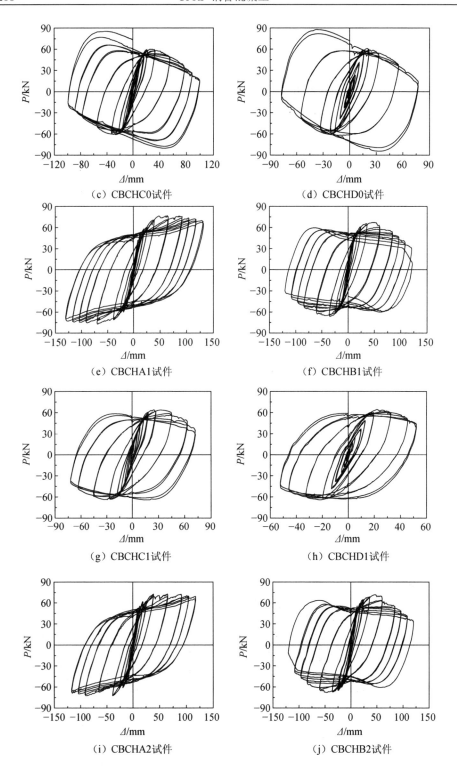

（c）CBCHC0试件　　　　　　　　（d）CBCHD0试件

（e）CBCHA1试件　　　　　　　　（f）CBCHB1试件

（g）CBCHC1试件　　　　　　　　（h）CBCHD1试件

（i）CBCHA2试件　　　　　　　　（j）CBCHB2试件

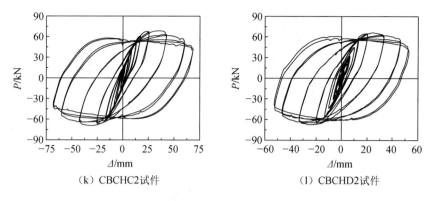

（k）CBCHC2试件　　　　　　　　（l）CBCHD2试件

图6.15　圆CFRP-钢管混凝土压-弯滞回性能试件的 P-Δ 曲线

　　可见，滞回曲线都呈纺锤形，较为饱满，没有捏缩现象。在加载初期，试件基本上处于弹性阶段，滞回曲线近似呈线性变化；试件屈服之后，残余变形越来越大，刚度逐渐降低。由卸载至反向加载过程中，试件刚度变化不大。对于无轴压比的试件，在加载后期承载力无下降；对于有轴压比的试件，在加载后期承载力下降明显。

　　图6.16为方CFRP-钢管混凝土压-弯滞回性能试件的 P-Δ 曲线。

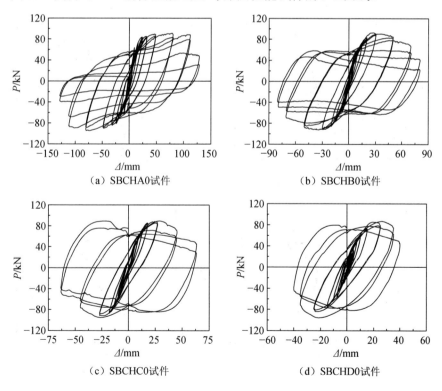

（a）SBCHA0试件　　　　　　　　（b）SBCHB0试件

（c）SBCHC0试件　　　　　　　　（d）SBCHD0试件

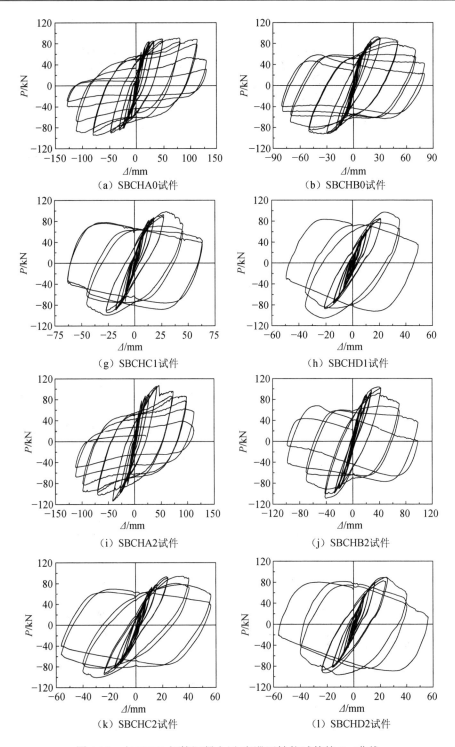

图 6.16 方 CFRP-钢管混凝土压-弯滞回性能试件的 P-Δ 曲线

由图6.16可见，与圆CFRP-钢管混凝土压-弯滞回性能试件的曲线不同的是，方CFRP-钢管混凝土压-弯滞回性能试件的P-Δ曲线有轻微的捏缩现象，且在加载后期承载力都下降。

2. P-Δ骨架曲线

图6.17和图6.18分别为轴压比对圆CFRP-钢管混凝土压-弯滞回性能试件和方CFRP-钢管混凝土压-弯滞回性能试件的P-Δ骨架曲线的影响。可见，随着轴压比的增大，试件的侧向承载力和弹性阶段的刚度都减小。不同之处在于：方试件的曲线均有下降段，而无轴压比的圆试件的曲线没有下降段，有轴压比的圆试件的曲线有下降段，而且下降段的下降幅度随着轴压比的增大而增大。

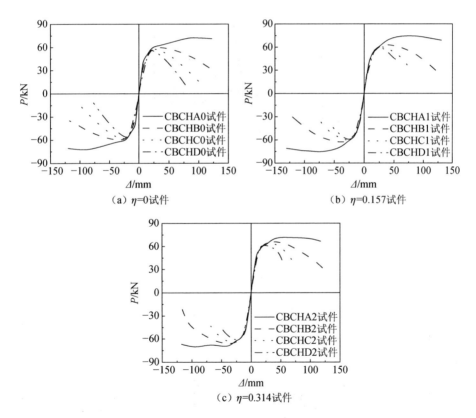

图6.17 轴压比对圆CFRP-钢管混凝土压-弯滞回性能试件的
P-Δ骨架曲线的影响

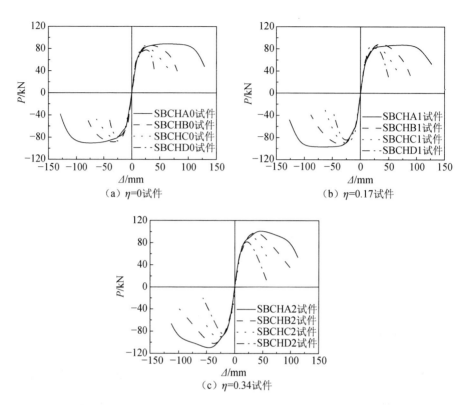

（a）$\eta=0$试件　　　　　　　　（b）$\eta=0.17$试件

（c）$\eta=0.34$试件

图 6.18　轴压比对方 CFRP-钢管混凝土压-弯滞回性能试件的
$P\text{-}\Delta$骨架曲线的影响

　　图 6.19 和图 6.20 分别为纵向 CFRP 增强系数对圆 CFRP-钢管混凝土压-弯滞回性能试件和方 CFRP-钢管混凝土压-弯滞回性能试件的 $P\text{-}\Delta$骨架曲线的影响。可见，随着 η 的增加，试件的承载力有所提高，但弹性阶段的刚度变化不大。

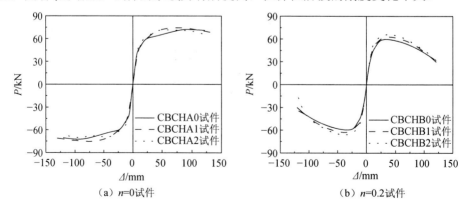

（a）$n=0$试件　　　　　　　　（b）$n=0.2$试件

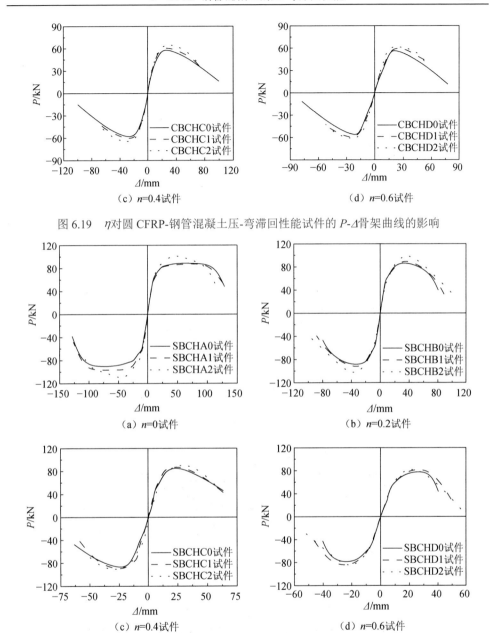

（c）n=0.4试件   （d）n=0.6试件

图 6.19　η对圆 CFRP-钢管混凝土压-弯滞回性能试件的 P-Δ骨架曲线的影响

（a）n=0试件   （b）n=0.2试件

（c）n=0.4试件   （d）n=0.6试件

图 6.20　η对方 CFRP-钢管混凝土压-弯滞回性能试件的 P-Δ骨架曲线的影响

6.2.2　M-φ曲线

1. 挠曲线形状

图 6.21 和图 6.22 分别为部分圆 CFRP-钢管混凝土压-弯滞回性能试件和方 CFRP-钢管混凝土压-弯滞回性能试件的挠曲线形状。可见，试件的挠曲线形状基本

符合正弦半波曲线，因此可以利用式（3.2）计算试件的中截面曲率，再利用式（6.2）计算试件的弯矩，即

$$M = \frac{PL}{4} + N_0\varDelta \tag{6.2}$$

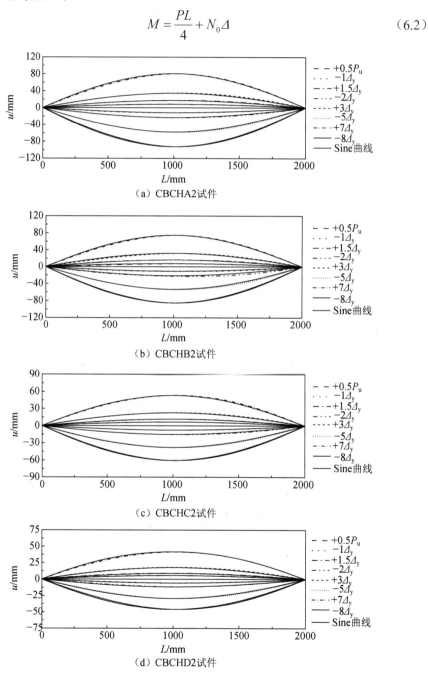

（a）CBCHA2试件

（b）CBCHB2试件

（c）CBCHC2试件

（d）CBCHD2试件

图 6.21　圆 CFRP-钢管混凝土压-弯滞回性能试件的挠曲线形状

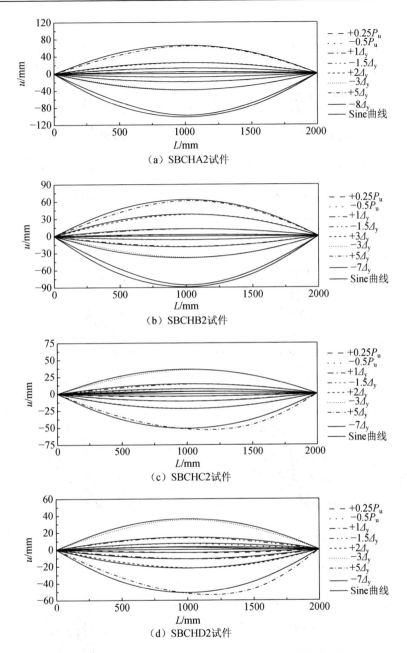

（a）SBCHA2试件

（b）SBCHB2试件

（c）SBCHC2试件

（d）SBCHD2试件

图 6.22 方 CFRP-钢管混凝土压-弯滞回性能试件的挠曲线形状

2. M-ϕ 滞回曲线

圆 CFRP-钢管混凝土压-弯滞回性能试件和方 CFRP-钢管混凝土压-弯滞回性能试件的 M-ϕ 曲线分别如图 6.23 和图 6.24 所示。

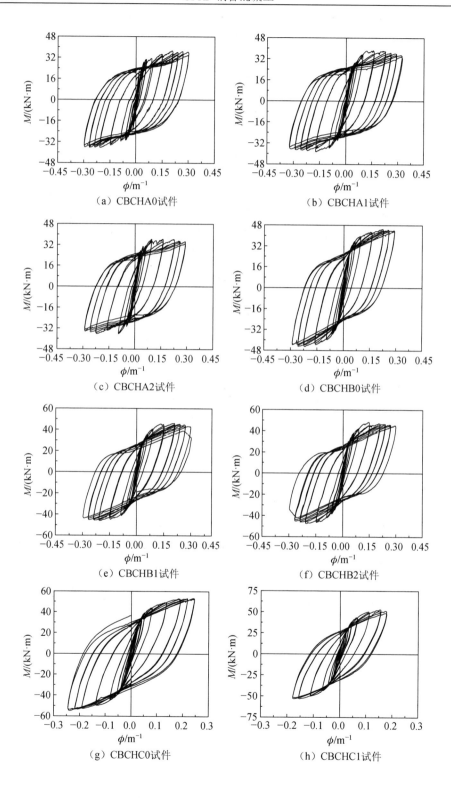

（a）CBCHA0试件　　　　　　　　　（b）CBCHA1试件

（c）CBCHA2试件　　　　　　　　　（d）CBCHB0试件

（e）CBCHB1试件　　　　　　　　　（f）CBCHB2试件

（g）CBCHC0试件　　　　　　　　　（h）CBCHC1试件

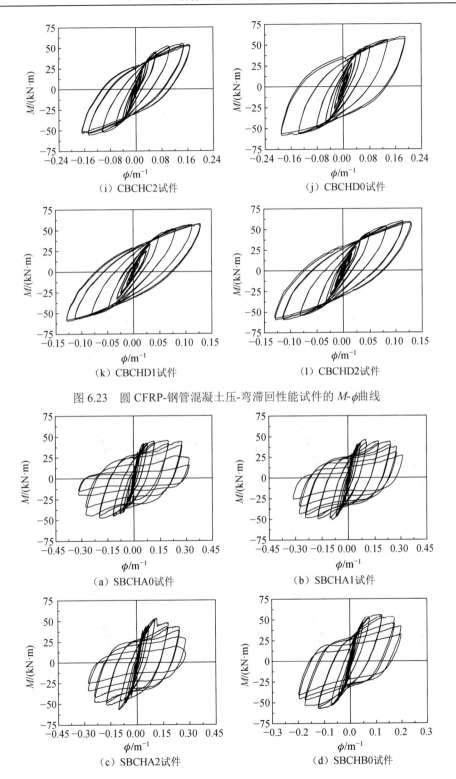

图 6.23　圆 CFRP-钢管混凝土压-弯滞回性能试件的 *M*-*φ*曲线

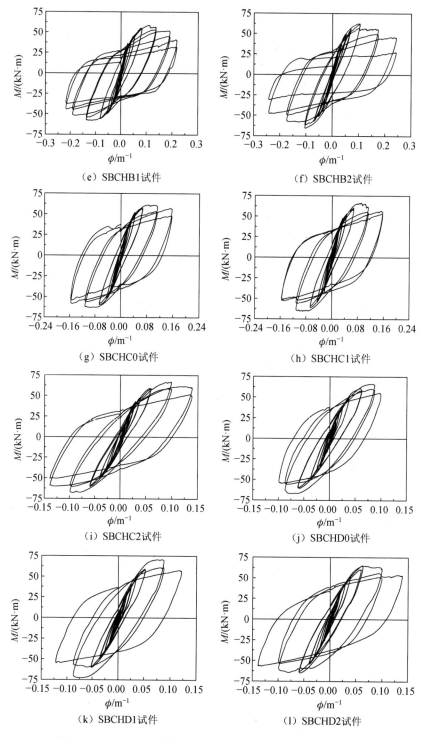

图 6.24　方 CFRP-钢管混凝土压-弯滞回性能试件的 M-ϕ曲线

由图 6.23 和图 6.24 可见,圆 CFRP-钢管混凝土压-弯试件和方 CFRP-钢管混凝土压-弯试件的 M-ϕ 滞回曲线均呈梭形,无明显捏缩现象。在加载初期采用荷载控制时,试件的变形为弹性变形,进入位移控制后,构件产生不太明显的"包兴格"效应。不同的是,对于圆 CFRP-钢管混凝土,随着轴压比的减小曲线变得饱满。

3. M-ϕ 骨架曲线

图 6.25 和图 6.26 分别为轴压比对圆 CFRP-钢管混凝土压-弯滞回性能试件和方 CFRP-钢管混凝土压-弯滞回性能试件的 M-ϕ 骨架曲线的影响。图 6.27 和图 6.28 分别为纵向 CFRP 增强系数对圆 CFRP-钢管混凝土压-弯滞回性能试件和方 CFRP-钢管混凝土压-弯滞回性能试件的 M-ϕ 骨架曲线的影响。可见,轴压比和纵向 CFRP 增强系数的增大均可以提高试件的抗弯承载力。

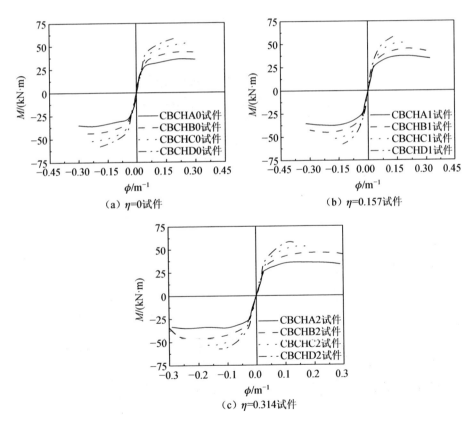

(a) η=0 试件

(b) η=0.157 试件

(c) η=0.314 试件

图 6.25 n 对圆 CFRP-钢管混凝土压-弯滞回性能试件的
M-ϕ 骨架曲线的影响

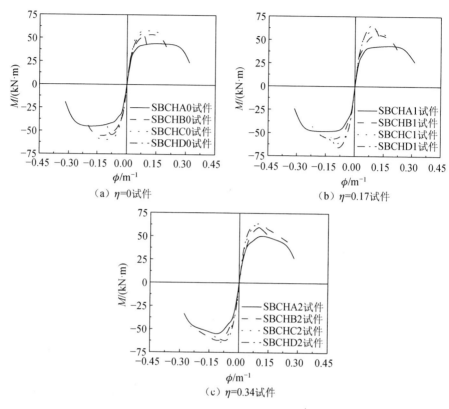

（a）$\eta=0$试件

（b）$\eta=0.17$试件

（c）$\eta=0.34$试件

图 6.26 n 对方 CFRP-钢管混凝土压-弯滞回性能试件的
M-ϕ 骨架曲线的影响

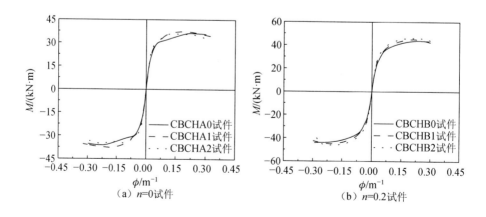

（a）$n=0$试件

（b）$n=0.2$试件

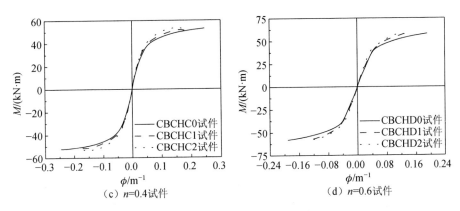

（c）n=0.4试件　　　　　　　　　　　（d）n=0.6试件

图 6.27　η对圆 CFRP-钢管混凝土压-弯滞回性能试件的
M-φ骨架曲线的影响

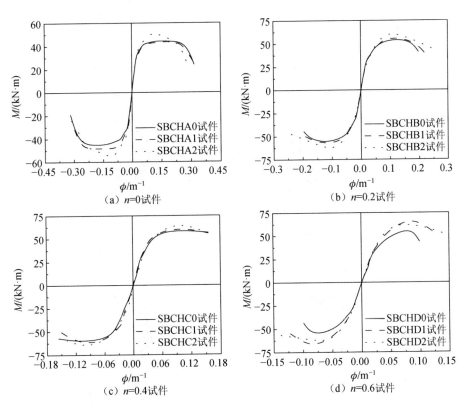

（a）n=0试件　　　　　　　　　　　（b）n=0.2试件

（c）n=0.4试件　　　　　　　　　　　（d）n=0.6试件

图 6.28　η对方 CFRP-钢管混凝土压-弯滞回性能试件的
M-φ骨架曲线的影响

6.2.3　轴向变形

图 6.29 和图 6.30 分别为圆 CFRP-钢管混凝土压-弯滞回性能试件和方 CFRP-钢管混凝土压-弯滞回性能试件的中截面侧向挠度-轴向变形（Δ-Δ'）曲线。可见，对于无轴压比的试件，在加载初期，Δ' 随着 Δ 的增大/减小而增大/减小；在加载后期，Δ' 随着 Δ 的增大/减小而减小/增大。对于有轴压比的试件，Δ' 始终随着 Δ 的增大/减小而增大/减小。

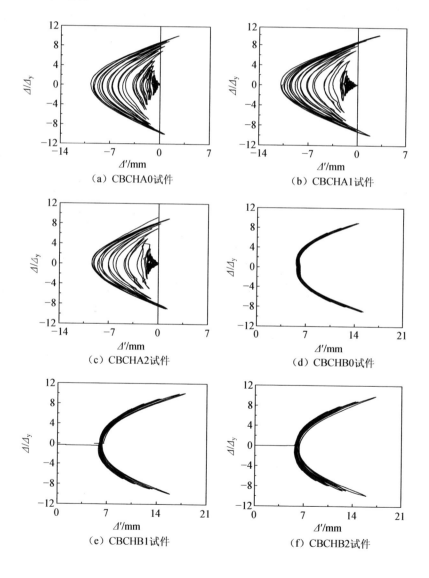

（a）CBCHA0试件　　　　　　　　（b）CBCHA1试件

（c）CBCHA2试件　　　　　　　　（d）CBCHB0试件

（e）CBCHB1试件　　　　　　　　（f）CBCHB2试件

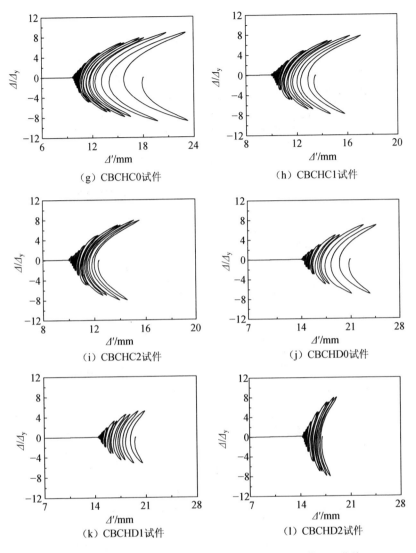

（g）CBCHC0试件　　　　　　　（h）CBCHC1试件

（i）CBCHC2试件　　　　　　　（j）CBCHD0试件

（k）CBCHD1试件　　　　　　　（l）CBCHD2试件

图 6.29　圆 CFRP-钢管混凝土压-弯滞回性能试件的 Δ-Δ' 曲线

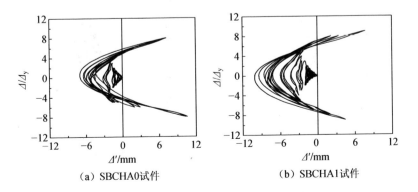

（a）SBCHA0试件　　　　　　　（b）SBCHA1试件

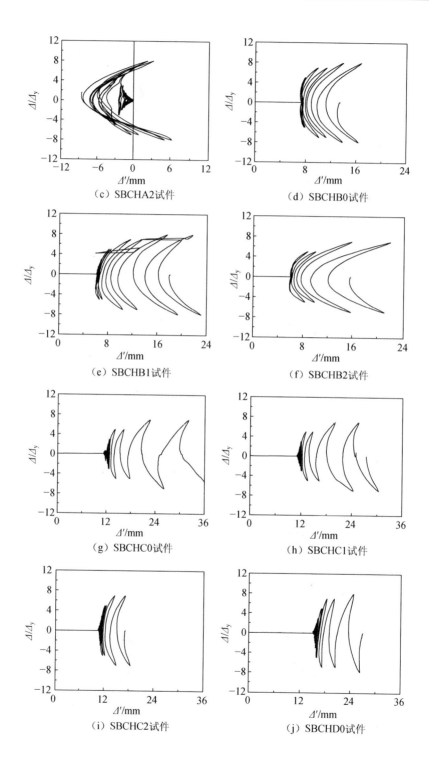

（c）SBCHA2试件

（d）SBCHB0试件

（e）SBCHB1试件

（f）SBCHB2试件

（g）SBCHC0试件

（h）SBCHC1试件

（i）SBCHC2试件

（j）SBCHD0试件

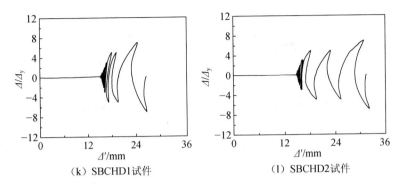

（k）SBCHD1试件　　　　　　　（l）SBCHD2试件

图 6.30　方 CFRP-钢管混凝土压-弯滞回性能试件的 Δ-Δ' 曲线

6.2.4　钢管与 CFRP 的协同工作

图 6.31 和图 6.32 分别为圆 CFRP-钢管混凝土压-弯滞回性能试件和方 CFRP-钢管混凝土压-弯滞回性能试件的 P-ε_t 曲线。可见，钢管和 CFRP 的横向应变基本一致，这说明在滞回力作用下钢管与 CFRP 在横向可以协同工作。

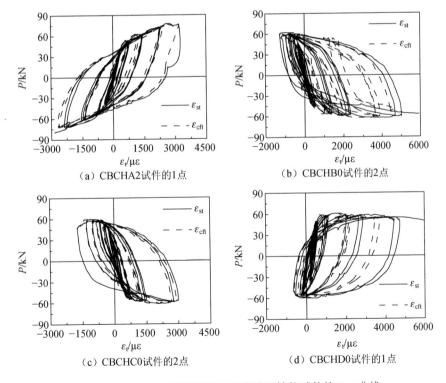

（a）CBCHA2试件的1点　　　　　（b）CBCHB0试件的2点

（c）CBCHC0试件的2点　　　　　（d）CBCHD0试件的1点

图 6.31　圆 CFRP-钢管混凝土压-弯滞回性能试件的 P-ε_t 曲线

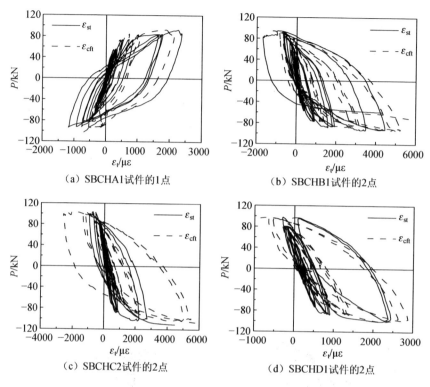

图 6.32　方 CFRP-钢管混凝土压-弯滞回性能试件的 P-ε_t 曲线

　　图 6.33 和图 6.34 分别为圆 CFRP-钢管混凝土压-弯滞回性能试件和方 CFRP-钢管混凝土压-弯滞回性能试件的 P-ε_l 曲线。可见，钢管和 CFRP 的纵向应变基本一致，这说明在滞回力作用下钢管与 CFRP 在纵向可以协同工作。

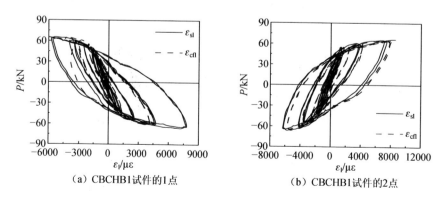

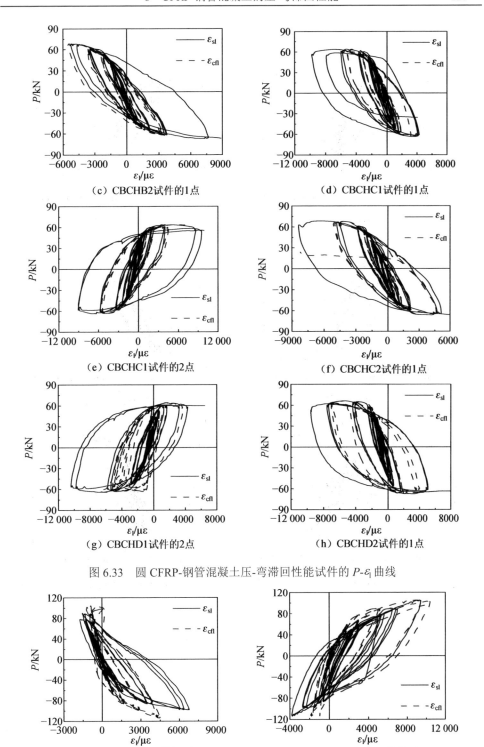

（c）CBCHB2试件的1点　　（d）CBCHC1试件的1点

（e）CBCHC1试件的2点　　（f）CBCHC2试件的1点

（g）CBCHD1试件的2点　　（h）CBCHD2试件的1点

图 6.33　圆 CFRP-钢管混凝土压-弯滞回性能试件的 P-ε_l 曲线

（a）SBCHA2试件的1点　　（b）SBCHA2试件的2点

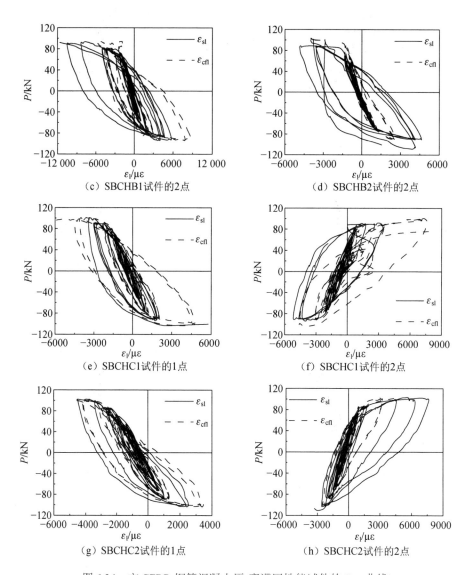

图 6.34　方 CFRP-钢管混凝土压-弯滞回性能试件的 P-ε_l 曲线

6.2.5　钢管的纵向应变与横向应变的对比

图 6.35 和图 6.36 分别为圆 CFRP-钢管混凝土压-弯滞回性能试件和方 CFRP-钢管混凝土压-弯滞回性能试件的 P-ε_s 曲线。可见，同一点的 ε_{sl} 和 ε_{st} 异号。

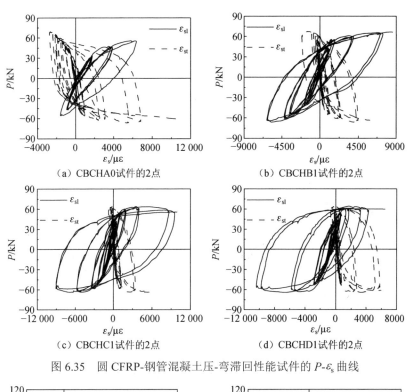

图 6.35 圆 CFRP-钢管混凝土压-弯滞回性能试件的 P-ε_s 曲线

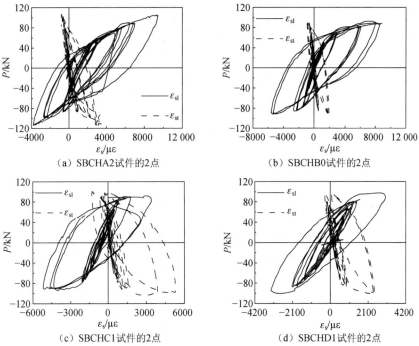

图 6.36 方 CFRP-钢管混凝土压-弯滞回性能试件的 P-ε_s 曲线

6.3 指 标 分 析

1. 强度退化

按文献[140]的方法确定强度退化系数λ_{ji}。图 6.37 和图 6.38 分别为圆 CFRP-钢管混凝土压-弯滞回性能试件和方 CFRP-钢管混凝土压-弯滞回性能试件的强度退化。可见，圆试件的强度退化不明显，而方试件的强度退化比较明显。

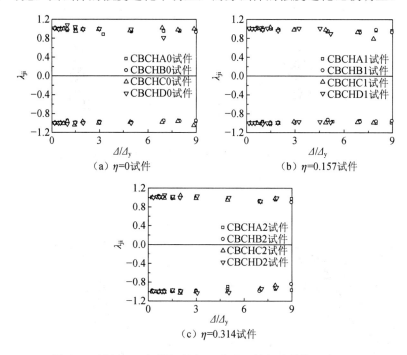

图 6.37　圆 CFRP-钢管混凝土压-弯滞回性能试件的强度退化

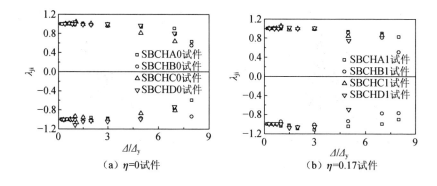

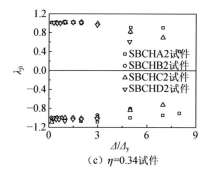

（c）$\eta=0.34$试件

图 6.38　方 CFRP-钢管混凝土压-弯滞回性能试件的强度退化

2. 刚度

图 6.39 和图 6.40 分别为 CFRP-钢管混凝土压-弯滞回性能试件的初始抗弯刚度[36]K_{ie} 和使用阶段抗弯刚度[36]K_{se} 的比较。

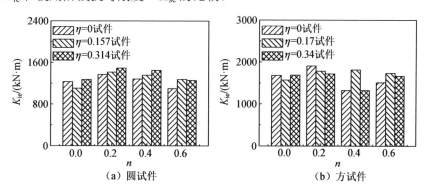

（a）圆试件　　　　　　　　　（b）方试件

图 6.39　CFRP-钢管混凝土压-弯滞回性能试件的 K_{ie} 的比较

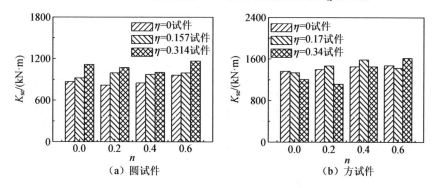

（a）圆试件　　　　　　　　　（b）方试件

图 6.40　CFRP-钢管混凝土压-弯滞回性能试件的 K_{se} 的比较

可见，轴压比和纵向 CFRP 增强系数均可以提高圆 CFRP-钢管混凝土压-弯滞回性能试件的 K_{ie} 和 K_{se}，但是对于方 CFRP-钢管混凝土压-弯滞回性能试件，轴压比和纵向 CFRP 增强系数对 K_{ie} 和 K_{se} 的影响无规律可言。

3. 刚度退化

按文献[141]的方法确定试件每次循环的刚度 EI。图 6.41 和图 6.42 分别为轴压比对圆 CFRP-钢管混凝土压-弯滞回性能试件和方 CFRP-钢管混凝土压-弯滞回性能试件的刚度退化的影响，其中，$EI_{\Delta=0}$ 为试件的初始刚度。可见，轴压比的增大可以延缓试件的刚度退化。

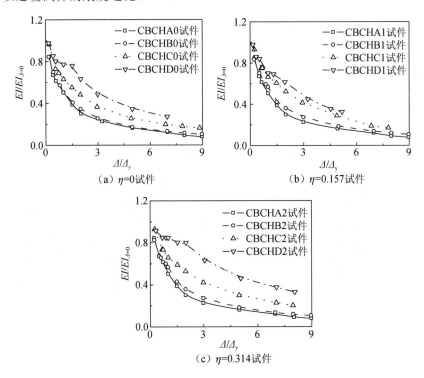

图 6.41 n 对圆 CFRP-钢管混凝土压-弯滞回性能试件的刚度退化的影响

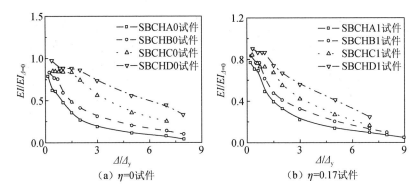

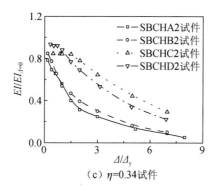

（c）η=0.34试件

图 6.42　n 对方 CFRP-钢管混凝土压-弯滞回性能试件的刚度退化的影响

图 6.43 和图 6.44 分别为纵向 CFRP 增强系数对圆 CFRP-钢管混凝土压-弯滞回性能试件和方 CFRP-钢管混凝土压-弯滞回性能试件的刚度退化的影响。可见，纵向 CFRP 增强系数的增大可以延缓试件的刚度退化。

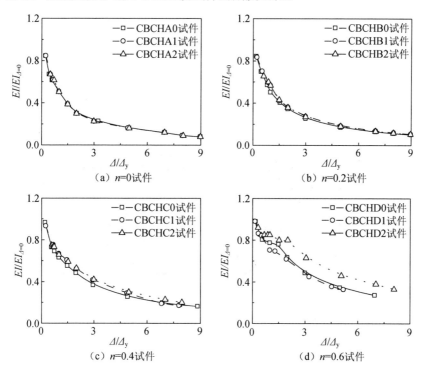

（a）n=0试件

（b）n=0.2试件

（c）n=0.4试件

（d）n=0.6试件

图 6.43　η 对圆 CFRP-钢管混凝土压-弯滞回性能试件的刚度退化的影响

4. 延性

按文献[36]的方法确定位移延性系数 μ，所有 CFRP-钢管混凝土压-弯滞回性能试件延性系数的比较如图 6.45 所示。可见，轴压比和纵向 CFRP 增强系数的增大会降低试件的延性。

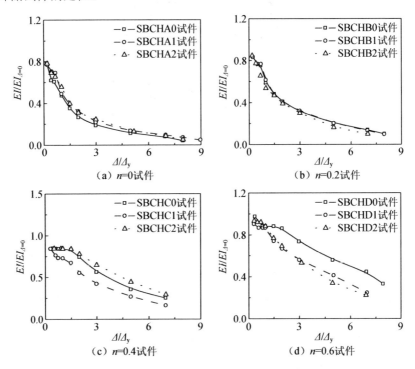

图 6.44 η 对方 CFRP-钢管混凝土压-弯滞回性能试件的刚度退化的影响

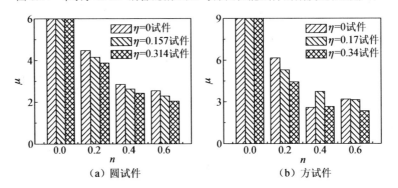

图 6.45 CFRP-钢管混凝土压-弯滞回性能试件 μ 的比较

5. 累积耗能

图 6.46 和图 6.47 分别为轴压比对圆 CFRP-钢管混凝土压-弯滞回性能试件和方 CFRP-钢管混凝土压-弯滞回性能试件累积耗能[142]（E）的影响。可见，轴压比的增大会降低试件的耗能能力。

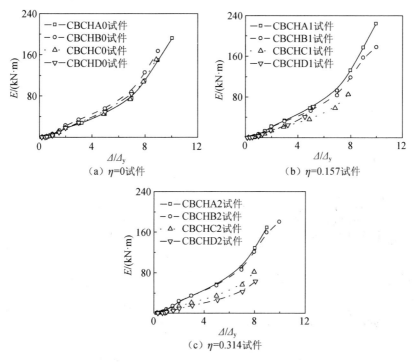

图 6.46 *n* 对圆 CFRP-钢管混凝土压-弯滞回性能试件累积耗能的影响

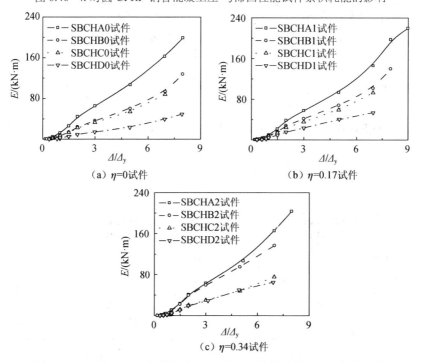

图 6.47 *n* 对方 CFRP-钢管混凝土压-弯滞回性能试件累积耗能的影响

　　图 6.48 和图 6.49 分别为纵向 CFRP 增强系数对圆 CFRP-钢管混凝土压-弯滞回性能试件和方 CFRP-钢管混凝土压-弯滞回性能试件累积耗能的影响。可见，纵向 CFRP 增强系数的增大可以提高试件的耗能能力。

6. 能量耗散

　　按文献[140]方法确定能量耗散系数 h_E。图 6.50 和图 6.51 分别为轴压比对圆 CFRP-钢管混凝土压-弯滞回性能试件和方 CFRP-钢管混凝土压-弯滞回性能试件 h_E 的影响。可见，当试件屈服后，有轴压比试件的能量耗散系数都大于无轴压比试件，这说明轴压比在一定的范围内对试件的抗震性能是有利的。

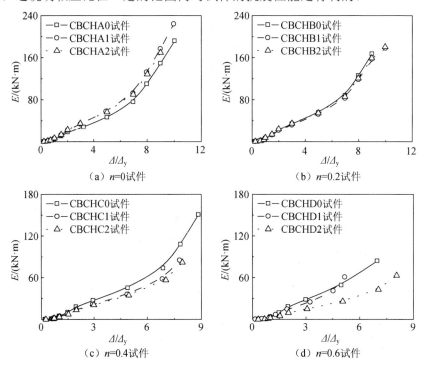

图 6.48　η 对圆 CFRP-钢管混凝土压-弯滞回性能试件累积耗能的影响

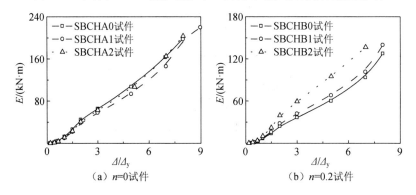

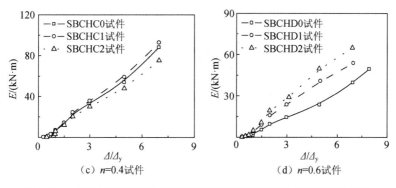

（c）n=0.4试件   （d）n=0.6试件

图 6.49   η对方 CFRP-钢管混凝土压-弯滞回性能试件累积耗能的影响

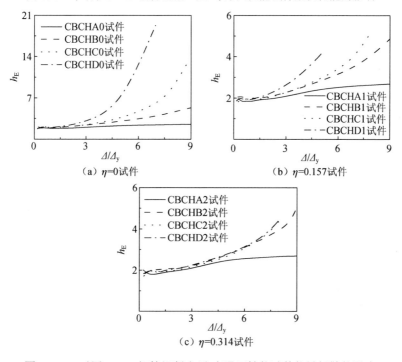

（a）η=0试件   （b）η=0.157试件

（c）η=0.314试件

图 6.50   n 对圆 CFRP-钢管混凝土压-弯滞回性能试件能量耗散的影响

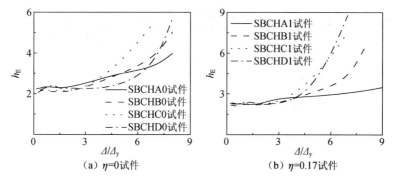

（a）η=0试件   （b）η=0.17试件

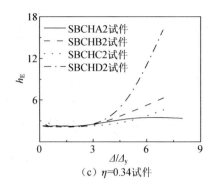

（c）η=0.34试件

图 6.51　n 对方 CFRP-钢管混凝土压-弯滞回性能试件能量耗散的影响

6.4　有限元模拟

1. 材料的应力-应变关系

在 CFRP-钢管混凝土压-弯滞回性能构件的有限元模拟时采用的钢管、混凝土和 CFRP 的应力-应变关系与受弯构件采用的相同。而在往复荷载情况下，混凝土还存在塑性损伤[143,144]和刚度恢复[145,146]问题，经计算确定其参数为：受拉塑性损伤参数 b_t 取 0.6～0.8（圆构件）和 0.5～0.65（方构件），受压塑性损伤参数 b_c 取 0.6～0.8（圆构件）和 0.5～0.7（方构件）；受拉刚度恢复系数 ω_t 取 0，根据轴压比的不同，混凝土受压刚度恢复系数 ω_c 取 0.4～0.95（圆构件）和 0.2～0.99（方构件）。

2. 有限元计算模型

CFRP-钢管混凝土压-弯滞回性能试件有限元模拟的单元选取、网格划分和界面模型的处理方法与 CFRP-钢管混凝土压-弯构件有限元模拟的一致。图 6.52 为圆 CFRP-钢管混凝土压-弯滞回性能试件有限元模拟的边界条件。

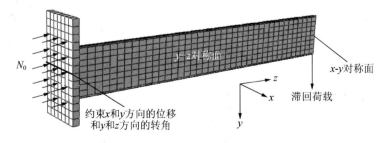

图 6.52　圆 CFRP-钢管混凝土压-弯滞回性能构件有限元模拟的边界条件

取实际构件的 1/4 模型进行分析，在计算模型的对称面上施加对称的约束条件。边界条件为在端板上施加面荷载，在中截面施加侧向滞回力。

3. P-Δ滞回曲线的比较

图 6.53 和图 6.54 分别为圆 CFRP-钢管混凝土压-弯滞回性能试件和方 CFRP-钢管混凝土压-弯滞回性能试件 P-Δ曲线的模拟结果与试验结果的比较。可见，模拟结果与试验结果吻合良好。

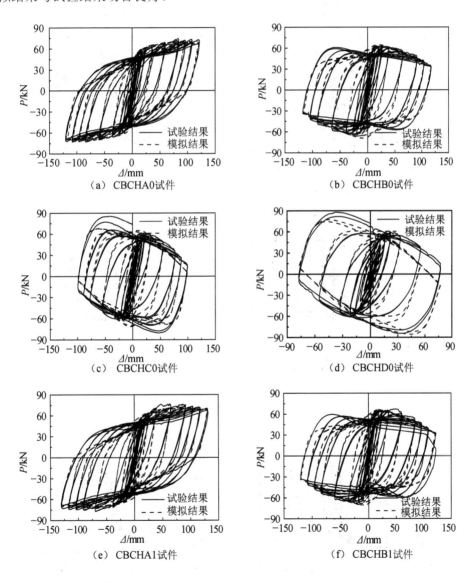

（a）CBCHA0试件   （b）CBCHB0试件

（c）CBCHC0试件   （d）CBCHD0试件

（e）CBCHA1试件   （f）CBCHB1试件

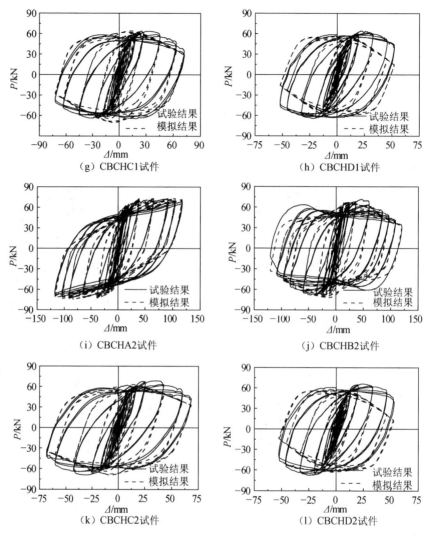

图 6.53　圆 CFRP-钢管混凝土压-弯滞回性能试件 P-Δ 曲线的
模拟结果与试验结果的比较

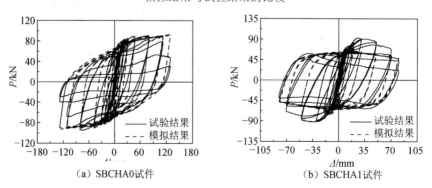

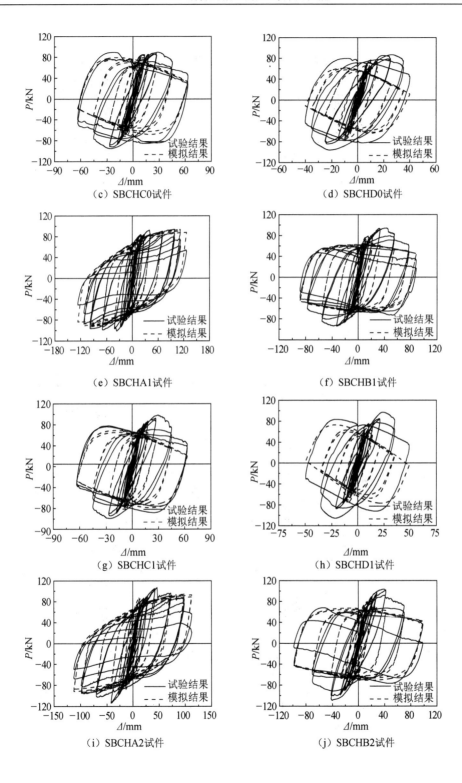

（c）SBCHC0试件

（d）SBCHD0试件

（e）SBCHA1试件

（f）SBCHB1试件

（g）SBCHC1试件

（h）SBCHD1试件

（i）SBCHA2试件

（j）SBCHB2试件

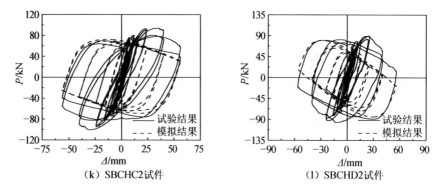

（k）SBCHC2试件　　　　　　　　　　（l）SBCHD2试件

图 6.54　方 CFRP-钢管混凝土压-弯滞回性能试件 P-Δ 曲线的
模拟结果与试验结果的比较

4. P-Δ 骨架曲线的比较

图 6.55 和图 6.56 分别为圆 CFRP-钢管混凝土压-弯滞回性能试件和方 CFRP-钢管混凝土压-弯滞回性能试件的 P-Δ 骨架曲线模拟结果与试验结果的比较。可见，模拟结果与试验结果吻合良好。

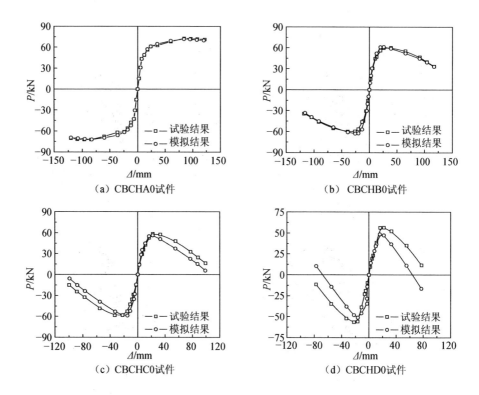

（a）CBCHA0试件　　　　　　　　　　（b）CBCHB0试件

（c）CBCHC0试件　　　　　　　　　　（d）CBCHD0试件

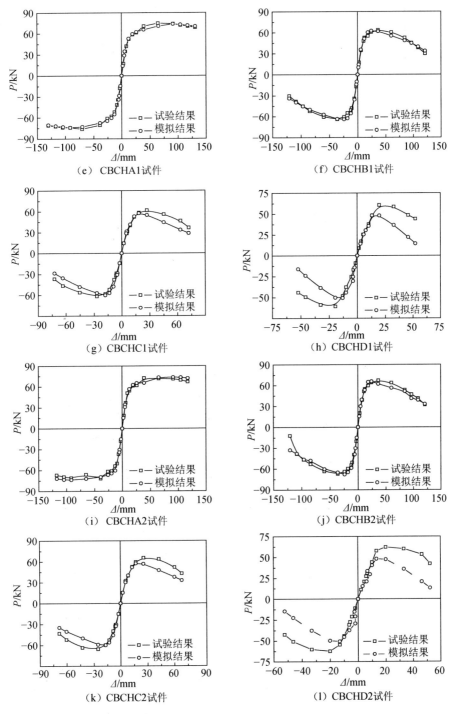

图 6.55 圆 CFRP-钢管混凝土压-弯滞回性能试件的

P-Δ骨架曲线模拟结果与试验结果的比较

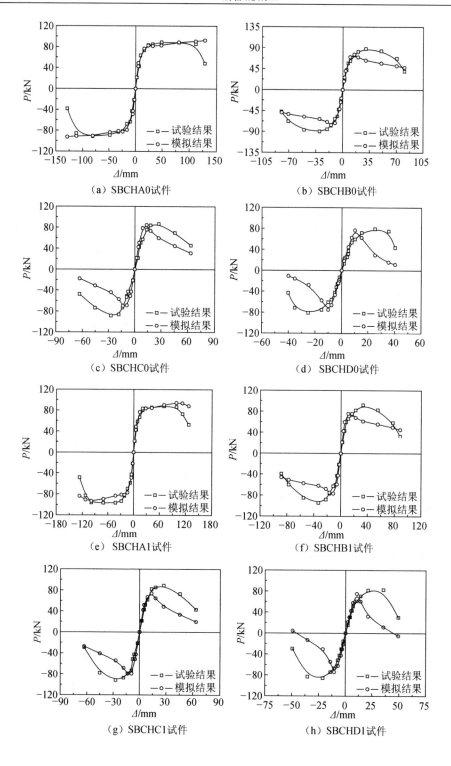

（a）SBCHA0试件

（b）SBCHB0试件

（c）SBCHC0试件

（d）SBCHD0试件

（e）SBCHA1试件

（f）SBCHB1试件

（g）SBCHC1试件

（h）SBCHD1试件

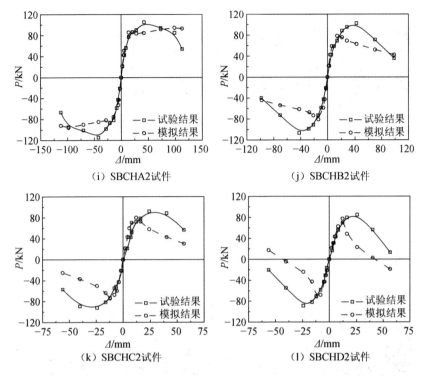

图 6.56　方 CFRP-钢管混凝土压-弯滞回性能试件的
P-Δ 骨架曲线模拟结果与试验结果的比较

5. 破坏模态的比较

图 6.57 和图 6.58 分别为圆 CFRP-钢管混凝土压-弯滞回性能试件和方 CFRP-钢管混凝土压-弯滞回性能试件的中截面横向 CFRP 的破坏模态（图中箭头表示尚未断裂的横向 CFRP）。可见，模拟结果与试验结果吻合良好。

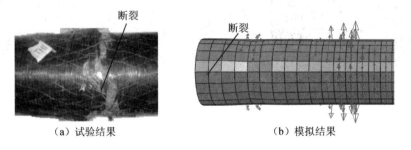

图 6.57　圆 CFRP-钢管混凝土压-弯滞回性能试件的
中截面横向 CFRP 的破坏模态

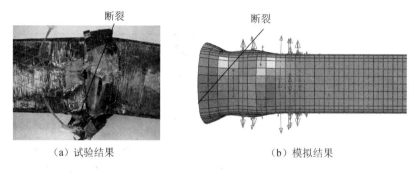

（a）试验结果　　　　　　　　　　（b）模拟结果

图 6.58　方 CFRP-钢管混凝土压-弯滞回性能试件的
中截面横向 CFRP 的破坏模态

图 6.59 和图 6.60 分别为圆 CFRP-钢管混凝土压-弯滞回性能试件和方 CFRP-钢管混凝土压-弯滞回性能试件的中截面纵向 CFRP 的破坏模态（图中箭头表示尚未断裂的纵向 CFRP）。可见，模拟结果与试验结果吻合良好。

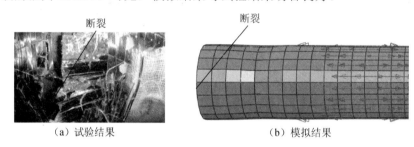

（a）试验结果　　　　　　　　　　（b）模拟结果

图 6.59　圆 CFRP-钢管混凝土压-弯滞回性能试件的
中截面纵向 CFRP 的破坏模态

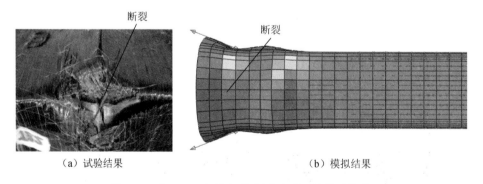

（a）试验结果　　　　　　　　　　（b）模拟结果

图 6.60　方 CFRP-钢管混凝土压-弯滞回性能试件的
中截面纵向 CFRP 的破坏模态

图 6.61 和图 6.62 分别为圆 CFRP-钢管混凝土压-弯滞回性能试件和方 CFRP-钢管混凝土压-弯滞回性能试件的中截面钢管的破坏模态。可见，模拟结果与试验结果吻合良好。

（a）试验结果　　　　　　（b）模拟结果

图 6.61　圆 CFRP-钢管混凝土压-弯滞回性能试件的
中截面钢管的破坏模态

（a）试验结果　　　　　　（b）模拟结果

图 6.62　方 CFRP-钢管混凝土压-弯滞回性能试件的
中截面钢管的破坏模态

图 6.63 和图 6.64 分别为圆 CFRP-钢管混凝土压-弯滞回性能试件和方 CFRP-钢管混凝土压-弯滞回性能试件的中截面混凝土的破坏模态（图中深色箭头表示较大的裂缝，浅色箭头表示较小的裂缝）。可见，模拟结果与试验结果吻合良好。

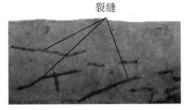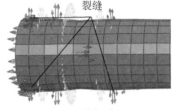

（a）试验结果　　　　　　（b）模拟结果

图 6.63　圆 CFRP-钢管混凝土压-弯滞回性能试件的
中截面混凝土的破坏模态

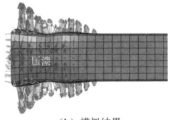

（a）试验结果　　　　　　（b）模拟结果

图 6.64　方 CFRP-钢管混凝土压-弯滞回性能试件的
中截面混凝土的破坏模态

6.5　受力全过程分析

图 6.65 为 CFRP-钢管混凝土压-弯滞回性能构件典型的 P-Δ 曲线。这里对其选取 6 个特征点：O 点对应轴向力 N_0 加载完成；A 点对应钢管屈服；B 点对应纵向 CFRP 断裂（圆构件）或者横向 CFRP 断裂（方构件）；C 点对应横向 CFRP 断裂（圆构件）或者纵向 CFRP 断裂（方构件）；D 点对应荷载达到承载力；E 点对应 Δ 达到 7 Δ_y，此时 Δ 约为 $L/25$。

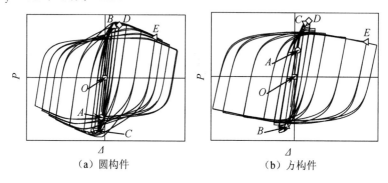

（a）圆构件　　　　　　　　　（b）方构件

图 6.65　CFRP-钢管混凝土压-弯滞回性能构件典型的 P-Δ 曲线

1. 外管与混凝土的相互作用力

图 6.66 和图 6.67 分别为圆 CFRP-钢管混凝土压-弯滞回性能构件和方 CFRP-钢管混凝土压-弯滞回性能构件的外管与混凝土的相互作用力的分布。可见，外管与混凝土的相互作用力主要体现在受压区。在 O 点，相互作用力较小，原因是钢管的泊松比大于混凝土，混凝土的横向变形小于钢管；随着钢管的屈服（A 点），相互作用力急剧增大；在 CFRP 断裂（B 点、C 点）后，相互作用力继续增大；在 D 点，荷载达到承载力，此时圆构件的相互作用力有所降低而方构件的持续增加；在 E 点，圆构件作用力又有所提高，而方构件作用力又有所降低。方构件的外管与混凝土的相互作用力在弯角处较大。

2. 混凝土的应力

图 6.68 和图 6.69 分别为圆 CFRP-钢管混凝土压-弯滞回性能构件和方 CFRP-钢管混凝土压-弯滞回性能构件中截面混凝土的纵向应力分布。可见，在 O 点，混凝土全截面受压，圆构件的最大压应力主要集中在混凝土最外边缘处，而方构件的主要集中在弯角处；在 A 点，由于外管的约束作用，混凝土的应力明显提高，截面开始出现受拉区；在 B 点和 C 点，随着中截面挠度的逐级增大，混凝土的最大压应力进一步提高；此后，圆构件的应力几乎不再增加，而方构件由于在 C 点时纵向 CFRP 的断裂，构件很快达到承载力（D 点），因此 C 点与 D 点的纵向应力相差不大，在 E 点时弯角处达到最大压应力。

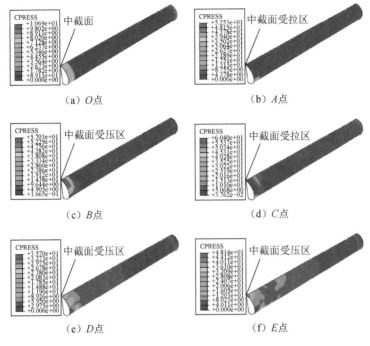

图 6.66 圆 CFRP-钢管混凝土压-弯滞回性能构件的钢管与混凝土的相互作用力的分布

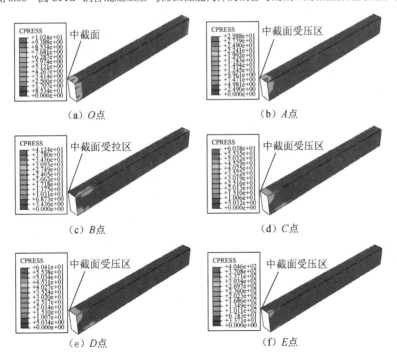

图 6.67 方 CFRP-钢管混凝土压-弯滞回性能构件的钢管与混凝土的相互作用力的分布

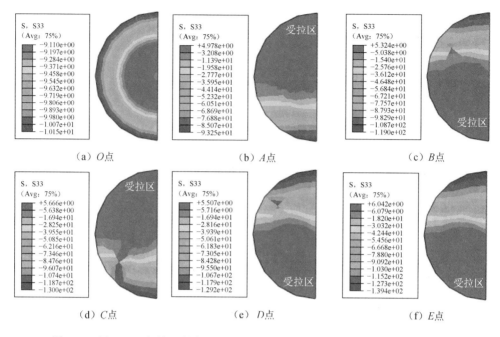

图 6.68　圆 CFRP-钢管混凝土压-弯滞回性能构件中截面混凝土的纵向应力分布

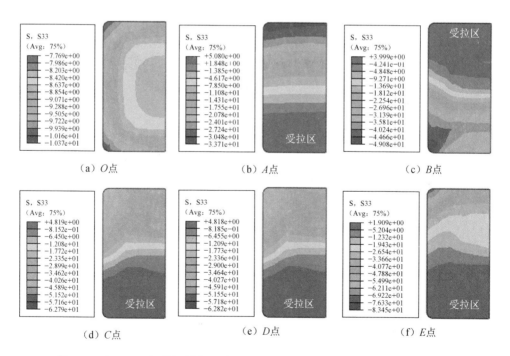

图 6.69　方 CFRP-钢管混凝土压-弯滞回性能构件中截面混凝土的纵向应力分布

图 6.70 和图 6.71 分别为圆 CFRP-钢管混凝土压-弯滞回性能构件和方 CFRP-钢管混凝土压-弯滞回性能构件混凝土的纵向应力分布。可见，在加载初期，混凝土全截面受压，随着中截面挠度的逐级增大，开始出现受拉区，并且混凝土的纵向应力沿长度方向分布不均匀，应力由构件两端向中截面、由中和轴向两侧最外边缘逐渐增大。

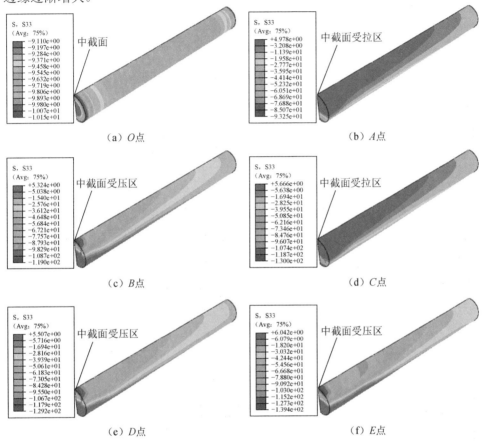

（a）O 点

（b）A 点

（c）B 点

（d）C 点

（e）D 点

（f）E 点

图 6.70 圆 CFRP-钢管混凝土压-弯滞回性能构件混凝土的纵向应力分布

3. 钢管的应力

图 6.72 和图 6.73 分别为圆 CFRP-钢管混凝土压-弯滞回性能构件和方 CFRP-钢管混凝土压-弯滞回性能构件钢管的 Mises 应力分布。可见，在 O 点构件全截面受压，由于荷载较小，钢管还处于弹性阶段，应力沿构件长度方向分布比较均匀；在 A 点，圆构件的中截面受拉区钢管最先进入屈服阶段，而方构件在中截面受压区的弯角处最先屈服；加载至 B 点和 C 点，钢管的应力逐渐增大，随着 CFRP 的断裂，钢管的屈服区域逐渐向构件的两端发展；在 C 点和 D 点，钢管的应力基本不变。对于方构件，钢管的最大应力始终在弯角处。

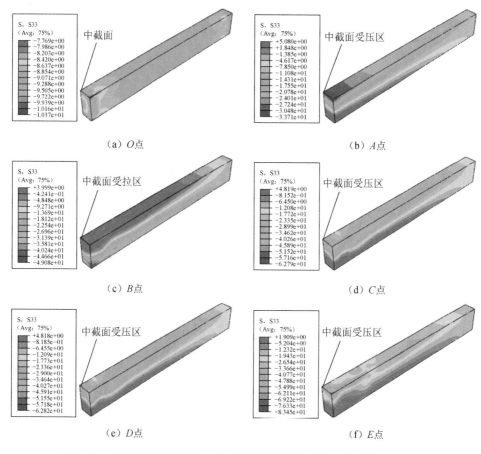

（a）O点 （b）A点

（c）B点 （d）C点

（e）D点 （f）E点

图 6.71 方 CFRP-钢管混凝土压-弯滞回性能构件混凝土的纵向应力分布

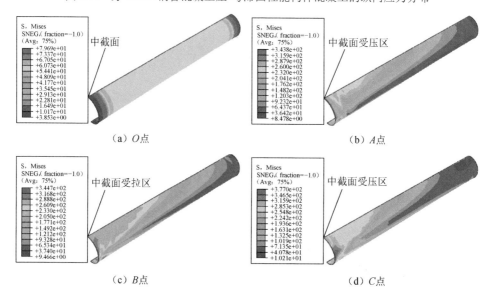

（a）O点 （b）A点

（c）B点 （d）C点

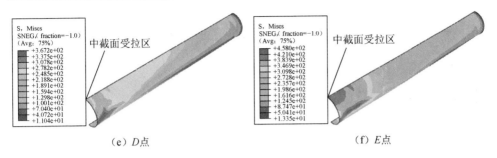

（e）D点　　　　　　　（f）E点

图 6.72　圆 CFRP-钢管混凝土压-弯滞回性能构件钢管的 Mises 应力分布

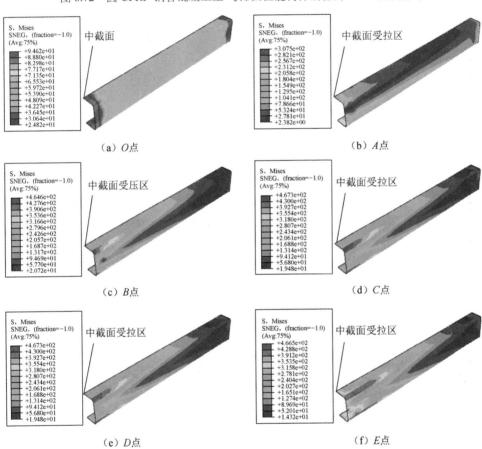

（a）O点　　　　　　　（b）A点

（c）B点　　　　　　　（d）C点

（e）D点　　　　　　　（f）E点

图 6.73　方 CFRP-钢管混凝土压-弯滞回性能构件钢管的 Mises 应力分布

图 6.74 和图 6.75 分别为圆 CFRP-钢管混凝土压-弯滞回性能构件和方 CFRP-钢管混凝土压-弯滞回性能构件钢管的纵向应力分布。可见，钢管纵向应力的分布规律与混凝土纵向应力的基本一致。方构件钢管的最大应力主要集中在弯角处。

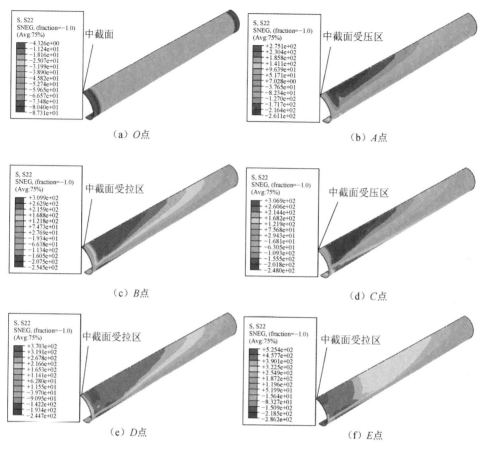

图 6.74　圆 CFRP-钢管混凝土压-弯滞回性能构件钢管的纵向应力分布

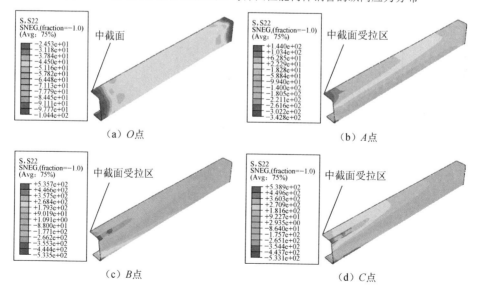

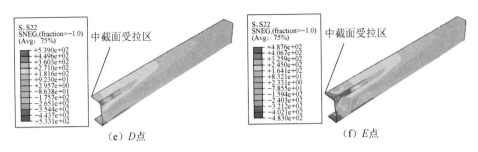

（e）D点　　　　　　　　　　　　　　（f）E点

图6.75　方CFRP-钢管混凝土压-弯滞回性能构件钢管的纵向应力分布

4. CFRP的应力

图6.76和图6.77分别为圆CFRP-钢管混凝土压-弯滞回性能构件和方CFRP-钢管混凝土压-弯滞回性能构件横向CFRP的应力分布。可见，在O点，构件处于弹性阶段，横向CFRP的应力沿构件长度方向分布均匀；在A点，随着钢管的屈服和中截面挠度的增大，中截面受压区的横向CFRP的应力增大并逐渐向两端发展；在C点（圆构件）和B点(方构件)，中截面的横向CFRP在受压区先断裂（方构件在弯角处），并且断裂逐渐向两端发展，随着中截面横向CFRP失效面积不断增大，应力逐渐下降。在整个受力过程中，受拉区的横向CFRP始终不起作用。

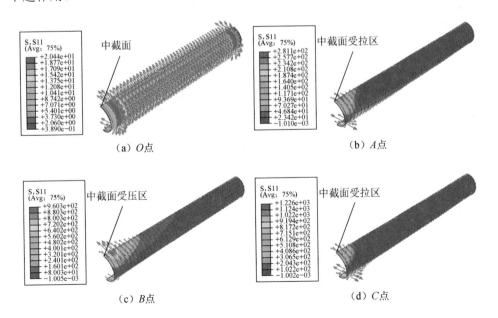

（a）O点　　　　　　　　　　　　　　（b）A点

（c）B点　　　　　　　　　　　　　　（d）C点

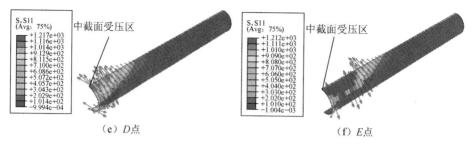

图 6.76　圆 CFRP-钢管混凝土压-弯滞回性能构件横向 CFRP 的应力分布

图 6.78 和图 6.79 分别为圆 CFRP-钢管混凝土压-弯滞回性能构件和方 CFRP-钢管混凝土压-弯滞回性能构件纵向 CFRP 的应力分布。可见，在 O 点，纵向 CFRP 几乎不受力，原因是 CFRP 只产生沿纤维方向的拉应力；随着钢管的屈服(A点)，受拉区中截面的应力最大，此时纵向 CFRP 还处在弹性阶段，并没有断裂；随着中截面挠度的逐级增大，受拉区中截面处的应力逐渐增大，并在 B 点（圆构件）和 C 点(方构件)达到断裂强度，以致失效退出工作，说明受拉区的纵向 CFRP 延缓了构件的弯曲变形；随着纵向 CFRP 的失效面积不断增大，应力逐渐下降。在整个受力过程中，受压区的纵向 CFRP 始终不起作用。

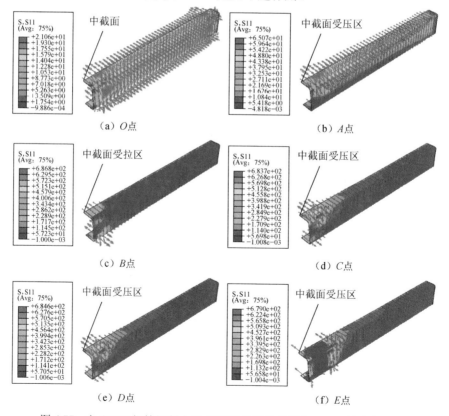

图 6.77　方 CFRP-钢管混凝土压-弯滞回性能构件横向 CFRP 的应力分布

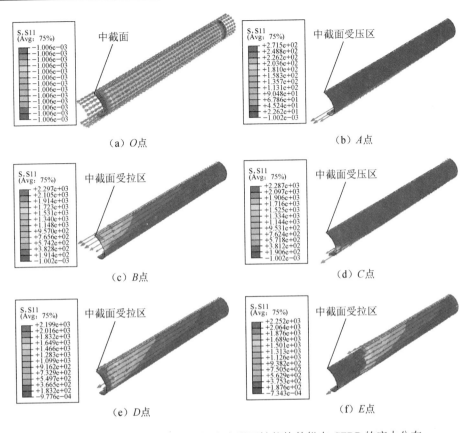

图 6.78 圆 CFRP-钢管混凝土压-弯滞回性能构件纵向 CFRP 的应力分布

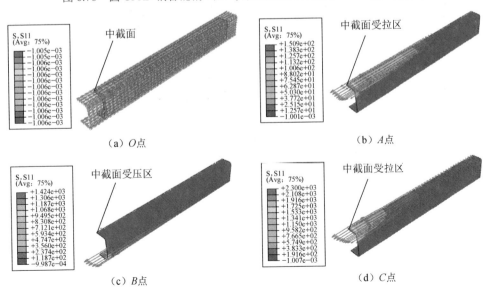

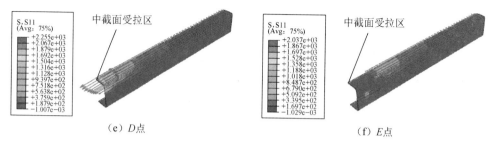

（e）D点　　　　　　　　　　　　　　（f）E点

图 6.79　方 CFRP-钢管混凝土压-弯滞回性能构件纵向 CFRP 的应力分布

6.6　参　数　分　析

　　影响 CFRP-钢管混凝土压-弯滞回性能构件的 P-Δ 骨架曲线的可能参数有轴压比、长细比、CFRP 层数、钢材屈服强度、混凝土强度和含钢率等。下面采用典型算例来分析上述参数对 CFRP-钢管混凝土压-弯构件 P-Δ 骨架曲线的影响。

1. 轴压比的影响

　　图 6.80 为轴压比对 CFRP-钢管混凝土压-弯滞回性能构件 P-Δ 骨架曲线的影响。可见，随着 n 的增大，构件的承载力和弹性阶段的刚度都明显降低。曲线的形状也有明显的变化：当 $n=0$ 时，P-Δ 骨架曲线没有下降段；随着 n 的增大，轴力产生的二阶效应越明显，曲线出现了下降段，且下降段的幅度不断增大。

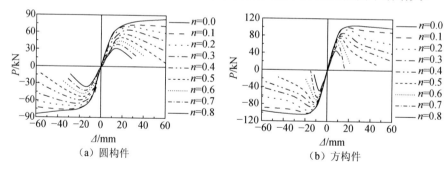

（a）圆构件　　　　　　　　　　　　　（b）方构件

图 6.80　n 对 CFRP-钢管混凝土压-弯滞回性能构件 P-Δ 骨架曲线的影响

2. 长细比的影响

　　图 6.81 为长细比对 CFRP-钢管混凝土压-弯滞回性能构件 P-Δ 骨架曲线的影响。可见，随着 λ 的增加，构件的承载力和弹性阶段的刚度都明显降低，曲线的形状也有明显的变化：稳定系数 φ 随着 λ 的增大而减小，恒轴力所产生的二阶效应越明显。

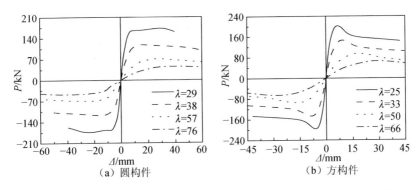

图 6.81 λ对 CFRP-钢管混凝土压-弯滞回性能构件 P-Δ 骨架曲线的影响

3. 纵向 CFRP 层数的影响

图 6.82 为纵向 CFRP 层数对 CFRP-钢管混凝土压-弯滞回性能构件 P-Δ 骨架曲线的影响。可见，随着 m_l 的增加，骨架曲线的形状和弹性阶段的刚度基本不变，构件的承载力略有提高。

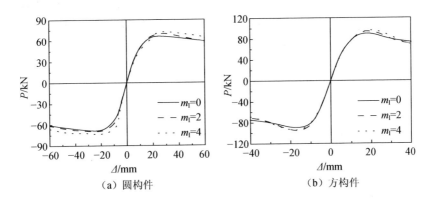

图 6.82 m_l 对 CFRP-钢管混凝土压-弯滞回性能构件 P-Δ 骨架曲线的影响

4. 横向 CFRP 层数的影响

图 6.83 为横向 CFRP 层数对 CFRP-钢管混凝土压-弯滞回性能构件 P-Δ 骨架曲线的影响。可见，随着 m_t 的增加，骨架曲线的形状和弹性阶段的刚度无明显变化，构件的承载力略有提高。

5. 钢材屈服强度的影响

图 6.84 为钢材屈服强度对 CFRP-钢管混凝土压-弯滞回性能构件 P-Δ 骨架曲线的影响。可见，随着 f_y 的提高，骨架曲线的形状和弹性阶段的刚度基本不变，构件的承载力有所提高。

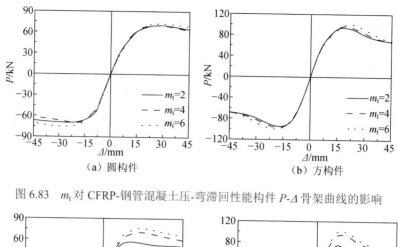

（a）圆构件　　　　　　　　　　　（b）方构件

图 6.83　m_t 对 CFRP-钢管混凝土压-弯滞回性能构件 P-Δ 骨架曲线的影响

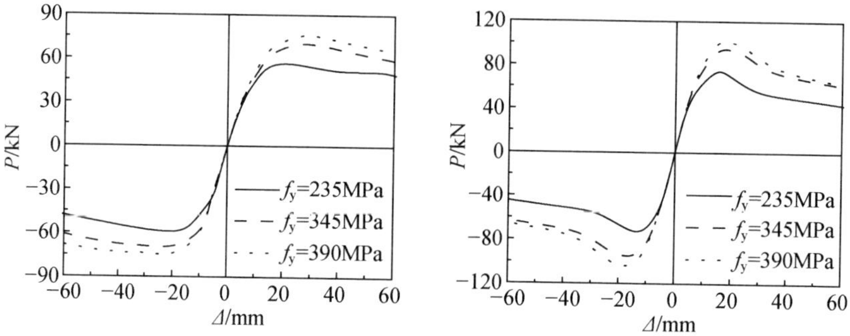

（a）圆构件　　　　　　　　　　　（b）方构件

图 6.84　f_y 对 CFRP-钢管混凝土压-弯滞回性能构件 P-Δ 骨架曲线的影响

6. 混凝土强度的影响

图 6.85 为混凝土强度对 CFRP-钢管混凝土压-弯滞回性能构件 P-Δ 骨架曲线的影响。可见，随着 f_{cu} 的增加，骨架曲线的形状和弹性阶段的刚度基本不变，构件承载力略有提高。

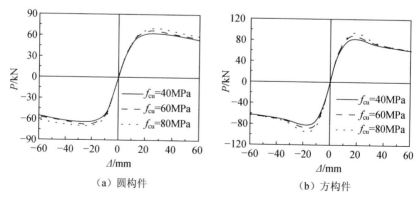

（a）圆构件　　　　　　　　　　　（b）方构件

图 6.85　f_{cu} 对 CFRP-钢管混凝土压-弯滞回性能构件 P-Δ 骨架曲线的影响

7. 含钢率的影响

图 6.86 为含钢率对 CFRP-钢管混凝土压-弯滞回性能构件 P-Δ 骨架曲线的影响。可见，随着 α 的增大，构件的承载力不断提高，弹性阶段的刚度也有一定程度的提高，屈服荷载也在不断增大，但对整个曲线的形状影响则较小。

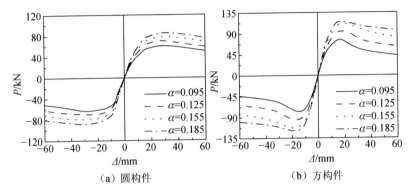

（a）圆构件   （b）方构件

图 6.86 α 对 CFRP-钢管混凝土压-弯滞回性能构件
P-Δ 骨架曲线的影响

6.7 恢复力模型

CFRP-钢管混凝土压-弯滞回性能构件的 P-Δ 曲线的有限元模拟过于复杂，不便于实际应用，有必要对其提出简化的恢复力模型。通过对 CFRP-钢管混凝土压-弯滞回性能构件的 P-Δ 曲线进行大量计算（计算参数/适用范围：$n=0\sim0.8$、$f_y=235\sim420\text{MPa}$、$f_{cu}=30\sim90\text{MPa}$、$\alpha=0.03\sim0.2$、$\xi_{cf}=0\sim0.6$、$\eta=0\sim0.9$ 和 $\lambda=10\sim80$），发现可以对钢管混凝土压-弯滞回性能构件的恢复力模型[36]进行适当修正，进而提出适用于 CFRP-钢管混凝土压-弯滞回性能构件的恢复力模型。

6.7.1 三折线模型

对于 CFRP-钢管混凝土，可采用如图 6.87 所示的恢复力模型[36]，从弹性阶段结束的一圈开始计算到停止加载时结束计算。在图 6.87 中，A 点为骨架线弹性阶段的终点，其侧向荷载取骨架曲线峰值荷载 P_y 的 0.6 倍，OA 段的刚度为 K_a；B 点为骨架线峰值点，其侧向荷载为 P_y，对应的位移为 Δ_p；此后，沿 BC 段加载，其刚度为 K_T。当从图 6.87 中 1 点或 4 点卸载时，将按弹性阶段的刚度 K_a 进行卸载，并反向加载至 2 点或 5 点，2 点或 5 点的纵坐标荷载值分别取 1 点纵坐标荷载值的（$0.2+n$）倍和 4 点纵坐标荷载值的（$0.2+1.2n$）倍，继续反向加载，模型进入软化段 $23'$ 或 $5D'$，点 $3'$ 和 D' 均在 OA 的延长线上，其纵坐标值分别与 1（或

3）点和 4（或 D）点相同。随后，加载路径沿 3′1′2′3 或 $D′4′5′D$ 进行，软化段 2′3 和 5′D 的确定方法分别与 23 和 5D 的类似。

可见，只要确定了弹性阶段刚度 K_a、B 点的位移 Δ_p 和侧向荷载 P_y 以及第三段刚度 K_T，就可以按照前述过程计算恢复力模型。

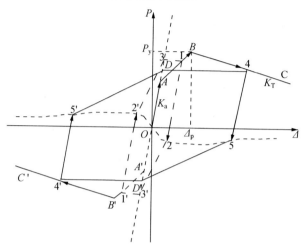

图 6.87　CFRP-钢管混凝土的恢复力模型

6.7.2　三折线的确定

1. K_a 的确定

由参数分析的结果可知，CFRP-钢管混凝土压-弯构件恢复力模型的弹性阶段的刚度 K_a 表达式如下[147,148]，即

$$K_a = \frac{3K_e}{L_1^3} \tag{6.3}$$

圆构件：

$$K_e = E_s I_s + 0.6 E_c I_c + E_{cf} I_{cfl} \tag{6.4a}$$

方构件：

$$K_e = E_s I_s + 0.2 E_c I_c + 5 E_{cf} I_{cfl} \tag{6.4b}$$

$$L_1 = \frac{L}{2} \tag{6.5}$$

式中：I_s、I_c 和 I_{cfl} 分别为钢管、混凝土和纵向 CFRP 的截面惯性矩。

2. Δ_p 和 P_y 的确定

1）圆 CFRP-钢管混凝土压-弯滞回性能构件

计算结果表明，圆构件 Δ_p 的具体表达式如下，即

$$\Delta_{\mathrm{P}} = \frac{6.74\left[\left(\ln r\right)^2 - 1.08\ln r + 3.33\right]\left(0.8 - n\xi_{\mathrm{cf}}\right)\left(0.8 - 0.7n\eta\right)f_1\left(n\right)}{8.7 - s}\frac{P_{\mathrm{y}}}{K_{\mathrm{a}}} \quad (6.6\mathrm{a})$$

$$f_1\left(n\right) = \begin{cases} 1.336n^2 - 0.044n + 0.804 & \left(0 \leqslant n \leqslant 0.5\right) \\ 1.126 - 0.02n & \left(0.5 < n < 1\right) \end{cases} \quad (6.7)$$

式中：$r = \lambda/40$，$s = f_{\mathrm{y}}/345$，f_{y} 需以 MPa 代入。

计算结果表明，圆构件 P_{y}（主要与 n、ξ_{s}、ξ_{cf} 和 η 有关）的具体表达式如下，即

$$P_{\mathrm{y}} = \begin{cases} 1.05af_1\left(\xi_{\mathrm{cf}}, \eta, n\right)M_{\mathrm{y}}/L_1 & \left(1 < \xi \leqslant 4\right) \\ \left(0.2\xi + 0.85\right)af_1\left(\xi_{\mathrm{cf}}, \eta, n\right)M_{\mathrm{y}}/L_1 & \left(0.2 \leqslant \xi \leqslant 1\right) \end{cases} \quad (6.8\mathrm{a})$$

$$a = \begin{cases} 0.96 - 0.002\xi & \left(0 \leqslant n \leqslant 0.3\right) \\ \left(1.4 - 0.34\xi\right)n + 0.1\xi + 0.54 & \left(0.3 < n < 1\right) \end{cases} \quad (6.9)$$

通过大量的计算结果的回归获得 $f_1\left(\xi_{\mathrm{cf}}, \eta, n\right)$ 的表达式如下，即

$$f_1\left(\xi_{\mathrm{cf}}, \eta, n\right) = \begin{cases} 1.4 - 5.7\left(0.35 - 20\xi_{\mathrm{cf}}n\right)\left(n - 0.3\right) + 0.1\left(1 + \eta\right)^{2+n} & \left(\xi_{\mathrm{cf}} \leqslant 0.1\right) \\ 1.34 - 2.37\left(1 - 3\xi_{\mathrm{cf}}\right)\left(n - 0.35\right) - 0.01\eta^{1+n} & \left(\xi_{\mathrm{cf}} > 0.1\right) \end{cases} \quad (6.10)$$

那么，CFRP-钢管混凝土压-弯构件在侧向滞回力作用下的抗弯承载力 M_{y}（主要与 α、f_{cu}、n、ξ_{cf} 和 η 有关）的计算式为

$$M_{\mathrm{y}} = \frac{A_1c + B_1}{\left(A_1 + B_1\right)\left(pn + q\right)}f_2\left(\xi_{\mathrm{cf}}, \eta, n\right)M_{\mathrm{bc}} \quad (6.11\mathrm{a})$$

$$A_1 = \begin{cases} -0.137 & \left(b \leqslant 1\right) \\ 0.118b - 0.255 & \left(b > 1\right) \end{cases} \quad (6.12)$$

$$B_1 = \begin{cases} -0.468b^2 + 0.8b + 0.874 & \left(b \leqslant 1\right) \\ 1.306 - 0.1b & \left(b > 1\right) \end{cases} \quad (6.13)$$

$$p = \begin{cases} 0.566 - 0.789b & \left(b \leqslant 1\right) \\ -0.11b - 0.113 & \left(b > 1\right) \end{cases} \quad (6.14)$$

$$q = \begin{cases} 1.195 - 0.34b & \left(b \leqslant 1\right) \\ 1.025 & \left(b > 1\right) \end{cases} \quad (6.15)$$

$$b = \frac{\alpha}{0.1} \quad (6.16)$$

采用式（6.11a）和式（6.2）计算得到 $f_2\left(\xi_{\mathrm{cf}}, \eta, n\right)$，再通过大量计算，得到 f_2

(ξ_{cf}, η, n) 的表达式如下，即

$$f_2(\xi_{cf}, \eta, n) = 1 - 1.5\xi_{cf}n - 0.1\eta^{0.1(1+n)} \tag{6.17a}$$

2) 方 CFRP-钢管混凝土压-弯滞回性能构件

方构件 $\varDelta_p$ 的具体表达式如下，即

$$\varDelta_p = \frac{f_1(\xi_{cf}, \eta, n)(1.7 + n + 0.5\xi)P_y}{K_a} \tag{6.6b}$$

$$f_1(\xi_{cf}, \eta, n) = (1 - 0.1\xi_{cf})(0.85 - 0.08\eta)(0.703 - 0.4n) \tag{6.18}$$

方构件 P_y 的具体表达式如下，即

$$P_y = \begin{cases} \dfrac{(2.5n^2 - 0.75n + 1)f_2(\xi_{cf}, \eta, n)M_y}{L_1} & (0 \leqslant n \leqslant 0.4) \\[3mm] \dfrac{(0.63n + 0.848)f_2(\xi_{cf}, \eta, n)M_y}{L_1} & (0.4 < n < 1) \end{cases} \tag{6.8b}$$

$$f_2(\xi_{cf}, \eta_{cf}, n) = \begin{cases} (1.23 + 0.01\xi_{cf})(1.35 + 0.11\eta)(1.06 - n^{1.5}) & (0 \leqslant n \leqslant 0.4) \\[2mm] (1.23 + 0.01\xi_{cf})(1.35 + 0.21\eta)(1.1 - n^{2.05}) & (0.4 < n < 1) \end{cases}$$

$$\tag{6.17b}$$

M_y 的表达式为

$$M_y = f_3(\xi_{cf}, \eta, n)M_{bc} \tag{6.11b}$$

通过大量计算，获得 $f_3(\xi_{cf}, \eta, n)$ 与 ξ_{cf}、η 和 n 之间的关系式如下，即

$$f_3(\xi_{cf}, \eta, n) = (0.8 - 0.15\eta)(1 - 0.2\xi_{cf})(1.1 + 0.1n) \tag{6.19}$$

3. K_T 的确定

圆构件第三段刚度 K_T 表达式如下，即

$$K_T = \frac{0.03f_2(n)f(r,a)K_a}{c^2 - 3.39c + 5.41} \tag{6.20a}$$

$$f_2(n) = \begin{cases} 3.043n - 0.21 & (0 \leqslant n \leqslant 0.7) \\ 0.5n + 1.57 & (0.7 < n < 1) \end{cases} \tag{6.21}$$

$$f(r,a) = \begin{cases} [8\alpha(1 + 5\xi_{cf})(1 + \eta) - 8.6]r + 6\alpha + 0.9 & (r \leqslant 1) \\ [15\alpha(1 - 0.02\xi_{cf})(1 - 2\eta) - 13.8]r + 6.1 - \alpha & (r > 1) \end{cases} \tag{6.22}$$

式中：$c = f_{cu}/60$，f_{cu} 以 MPa 代入。

方构件第三段刚度 K_T 表达式为

$$K_{\mathrm{T}} = \frac{-9.83(0.035+1.5n)^{1.2}\lambda^{0.75}f_{\mathrm{y}}K_{\mathrm{a}}(1-0.65\eta)}{E_{\mathrm{s}}\xi} \tag{6.20b}$$

6.7.3　恢复力模型结果与有限元模拟结果的比较

1. P-Δ滞回曲线的比较

图 6.88 和图 6.89 分别为圆-CFRP 钢管混凝土压-弯构件和方 CFRP-钢管混凝土压-弯构件 P-Δ 曲线恢复力模型结果与有限元模拟结果的比较。可见，恢复力模型结果与有限元模拟结果基本吻合良好。

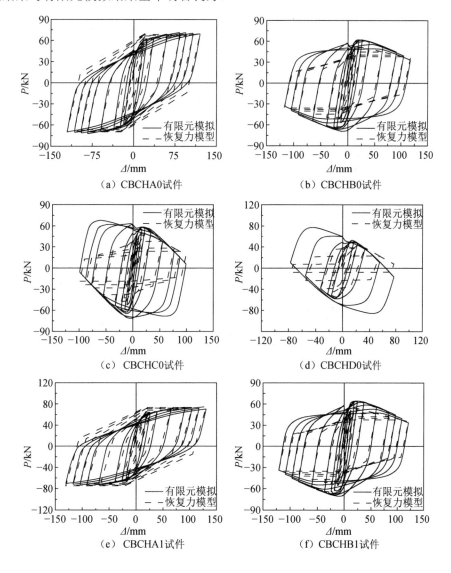

（a）CBCHA0试件　　　　　　（b）CBCHB0试件

（c）CBCHC0试件　　　　　　（d）CBCHD0试件

（e）CBCHA1试件　　　　　　（f）CBCHB1试件

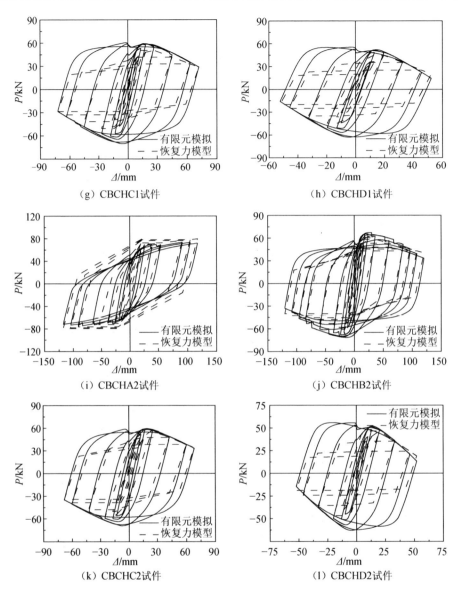

（g）CBCHC1试件　　　　　　　　（h）CBCHD1试件

（i）CBCHA2试件　　　　　　　　（j）CBCHB2试件

（k）CBCHC2试件　　　　　　　　（l）CBCHD2试件

图 6.88　圆 CFRP-钢管混凝土压-弯试件 P-Δ曲线

恢复力模型结果与有限元模拟结果的比较

2. P-Δ骨架曲线的比较

图 6.90 和图 6.91 分别为圆 CFRP-钢管混凝土压-弯构件和方 CFRP-钢管混凝土压-弯构件 P-Δ骨架曲线恢复力模型结果与有限元模拟结果比较。可见，恢复力模型结果与有限元模拟结果吻合良好。

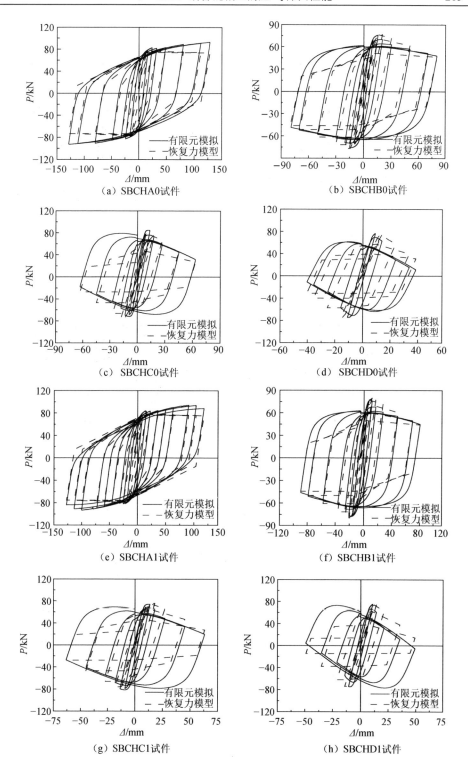

（a）SBCHA0试件   （b）SBCHB0试件

（c）SBCHC0试件   （d）SBCHD0试件

（e）SBCHA1试件   （f）SBCHB1试件

（g）SBCHC1试件   （h）SBCHD1试件

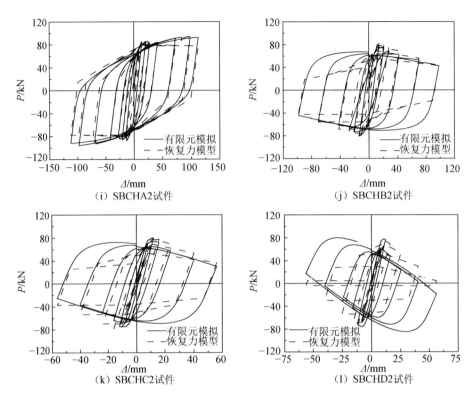

图 6.89　方 CFRP-钢管混凝土压-弯试件 $P\text{-}\Delta$ 曲线
恢复力模型结果与有限元模拟结果的比较

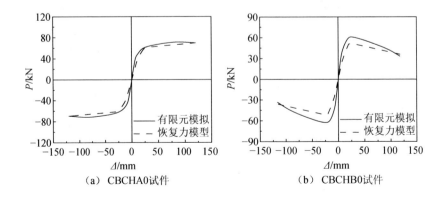

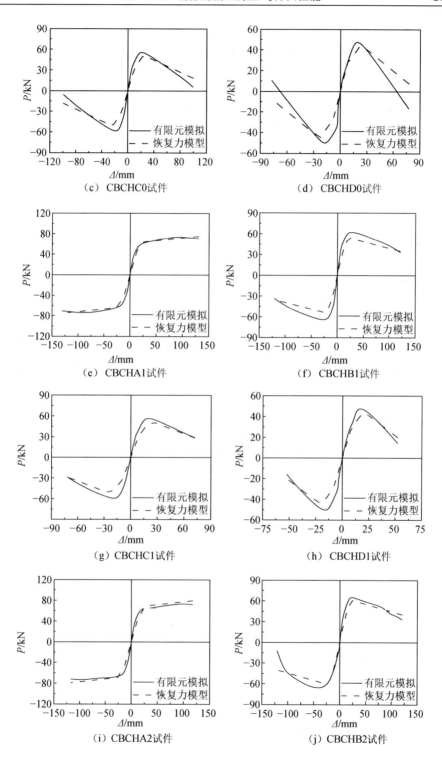

（c）CBCHC0试件

（d）CBCHD0试件

（e）CBCHA1试件

（f）CBCHB1试件

（g）CBCHC1试件

（h）CBCHD1试件

（i）CBCHA2试件

（j）CBCHB2试件

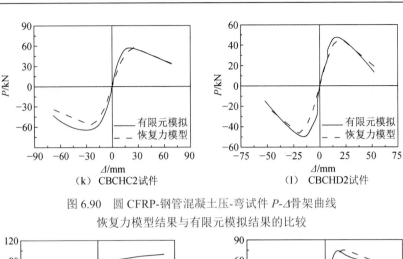

（k）CBCHC2试件　　　　　　（l）CBCHD2试件

图 6.90　圆 CFRP-钢管混凝土压-弯试件 P-Δ 骨架曲线

恢复力模型结果与有限元模拟结果的比较

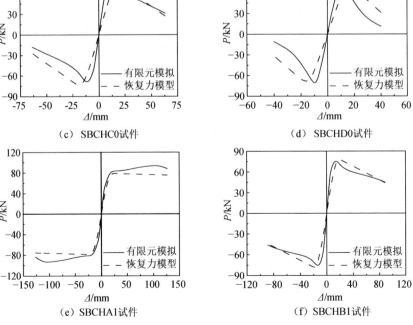

（a）SBCHA0试件　　　　　　（b）SBCHB0试件

（c）SBCHC0试件　　　　　　（d）SBCHD0试件

（e）SBCHA1试件　　　　　　（f）SBCHB1试件

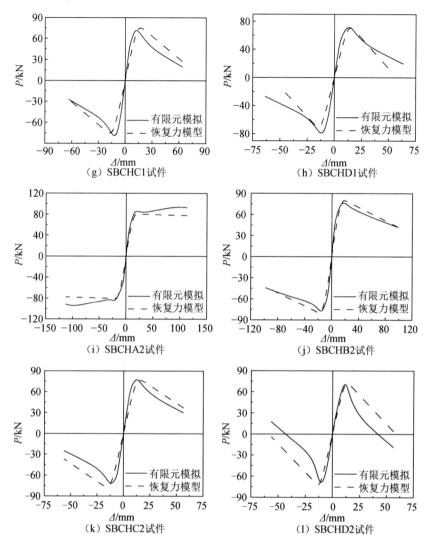

图 6.91 方 CFRP-钢管混凝土压-弯试件 P-Δ骨架曲线
恢复力模型结果与有限元模拟结果的比较

6.8 本 章 小 结

基于本章研究可以得到以下结论。

（1）CFRP 对钢管混凝土有很好的横向约束和纵向增强作用，钢管的局部屈曲得到了延缓；试件的 P-Δ 曲线和 M-ϕ 曲线均较为饱满，表现出很好的滞回性能；试件的挠曲线均近似为正弦半波曲线，钢管和 CFRP 在纵向和横向都可以协同工作，同一点的纵向应变和横向应变异号。

（2）轴压比和纵向 CFRP 增强系数的增大可以提高试件的抗弯承载力和刚度，同时减缓刚度退化，但会降低试件的延性和累积耗能，轴压比在一定范围内对试件的抗震性能是有利的；圆试件的强度退化不显著，而方试件有一定程度的强度退化现象；在加载后期，无轴压力的圆试件的承载力无下降，有轴压力的圆试件的承载力明显下降，所有方试件的承载力均下降。

（3）应用 ABAQUS 可以较好地模拟 CFRP-钢管混凝土压-弯滞回性能构件的荷载-变形曲线和变形模态，给出了 CFRP-钢管混凝土压-弯构件典型的 P-Δ 滞回曲线，分析了 CFRP-钢管混凝土压-弯滞回性能构件各组成材料的应力分布，模拟结果与试验结果吻合良好；混凝土和钢管的纵向应力分布规律一致；应力由构件两端向中截面、由中和轴至两侧逐渐增大，最大应力均出现在构件中截面最外边缘处；方 CFRP-钢管混凝土构件的最大应力均出现弯角处；钢管与混凝土的相互作用力始终是在受压区的较大，并且钢管屈服后该力显著增大。

（4）参数分析的结果表明，钢材屈服强度和含钢率的提高可以显著提高 CFRP-钢管混凝土压-弯滞回性能构件的承载力，混凝土强度的提高和 CFRP 层数的增多仅使承载力略有提高；随着含钢率的提高，构件弹性阶段的刚度也有一定程度的提高；随着长细比或者轴压比的增大，构件的承载力和弹性阶段的刚度都明显降低，同时，构件的荷载-变形曲线的形状也有明显的变化。

（5）给出了 CFRP-钢管混凝土压-弯构件的恢复力模型，应用该模型的计算结果与有限元模拟的结果吻合良好。

参 考 文 献

[1] NIE J G, CAI C S, WANG T. Stiffness and capacity of steel-concrete composite beams with profiled sheeting[J]. Engineering Structures, 2005, 27(7): 1074-1085.

[2] NIE J G, FAN J S, CAI C S. Experimental study of partially shear-connected composite beams with profiled sheeting[J]. Engineering Structures, 2008, 30(1): 1-12.

[3] 王新堂, 周明, 王万祯. 压型钢板-陶粒混凝土组合楼板火灾响应及火灾后受力性能试验研究[J]. 建筑结构学报, 2012, 33 (2): 10-17.

[4] ELLOBODY E, YOUNG B. Nonlinear analysis of composite castellated beams with profiled steel sheeting exposed to different fire conditions[J]. Journal of Constructional Steel Research, 2015, 113 (1): 247-260.

[5] 吴波, 骆志成. 压型钢板再生混合混凝土组合楼板受力性能试验研究[J]. 建筑结构学报, 2016, 37(5): 29-38.

[6] 朱聘儒, 高向东, 吴振声. 钢-砼连续组合梁塑性铰特性及内力重分布研究[J]. 建筑结构学报, 1990, 11 (6): 26-37.

[7] 聂建国. 钢-混凝土组合梁结构: 试验、理论与应用[M]. 北京: 科学出版社, 2005.

[8] 朱聘儒. 钢-混凝土组合梁设计原理[M]. 北京: 中国建筑工业出版社, 2006.

[9] NIE J G, QIN K, CAI C S. Seismic behavior of connections composed of CFSSTCs and steel-concrete composite beams: experimental study[J]. Journal of Constructional Steel Research, 2008, 64(10):1178-1191.

[10] 邵永健, 朱聘儒, 陈忠汉, 等. 钢-混凝土组合梁挠度计算的修正换算截面法[J]. 建筑结构学报, 2008, 29 (2): 99-103.

[11] 聂建国. 钢-混凝土组合结构原理与实例[M]. 北京: 科学出版社, 2009.

[12] NIE J G, TAO M X, CAI C S, et al. Analytical and numerical modeling of prestressed continuous steel-concrete composite beams. Journal of Structural Engineering[J], 2011, 137 (12): 1405-1418.

[13] 樊健生, 聂建国, 张彦玲. 钢-混凝土组合梁抗裂性能的试验研究[M]. 土木工程学报, 2011, 44 (2): 1-7.

[14] 聂建国, 胡红松. 外包钢板-混凝土组合连梁试验研究(I): 抗震性能[J]. 建筑结构学报, 2014, 35 (5): 1-9.

[15] 胡红松, 聂建国. 外包钢板-混凝土组合连梁刚度分析[J]. 建筑结构学报, 2014, 35 (8): 65-71.

[16] ZHOU X J, ZHANG T. Theoretical analysis of shearing capacity of U-section steel-encased concrete composite beams with the full connection design[J]. Applied Mechanics and Materials, 2011, 94-96: 958-961.

[17] ZHOU X J, ZHANG T. Theoretical analysis of bending capacity of U-section steel-encased concrete composite ceams with the full connection design[J]. Applied Mechanics and Materials, 2011, 99-100: 327-331.

[18] ZHOU X J, ZHANG T, ZHANG Y Z. Calculation and analysis of the deflections of U-section steel-encased concrete composite beams[J]. Advanced Materials Research, 2010, 163-167: 846-853.

[19] 李俊华, 唐跃锋, 刘明哲, 等. 外包钢加固火灾后钢筋混凝土柱的试验研究[J]. 工程力学, 2012, 29 (5): 166-173.

[20] 殷杰, 朱春明, 龚治国, 等. 外包钢套法加固震损钢筋混凝土框架抗震性能试验研究[J]. 建筑结构, 2013, 43 (12): 67-73.

[21] 林彦, 周学军, 姜伟, 等. 方钢管混凝土柱-外包钢混凝土组合梁连接节点滞回性能分析[J]. 土木工程学报, 2015, 48 (12): 72-81.

[22] 任冠宇, 石启印. 高强外包钢-高强混凝土简支组合梁受弯性能试验研究[J]. 建筑结构, 2015, 45 (3): 39-43.

[23] 白国良, 秦福华. 型钢钢筋混凝土原理与设计[M]. 上海: 上海科学技术出版社, 2000.

[24] 赵世春. 型钢混凝土组合结构计算原理[M]. 成都: 西南交通大学出版社, 2004.

[25] 薛建阳, 赵鸿铁. 型钢混凝土粘结滑移理论及其工程应用[M]. 北京: 科学出版社, 2007.

[26] 傅传国, 娄宇. 预应力型钢混凝土结构试验研究及工程应用[M]. 北京: 科学出版社, 2007.

[27] XIA N, REN Q W, LIANG R Y, et al. Nonuniform corrosion-induced stresses in steel-reinforced concrete[J]. Journal of Engineering Mechanics, 2012, 138 (4): 338-346.

[28]　白国良, 尹玉光, 刘超, 等. 型钢再生混凝土黏结滑移性能试验分析[J]. 建筑结构学报, 2016, 37(增 2): 135-142.

[29]　HAN L H, TAN Q H, SONG T Y. Fire performance of steel reinforced concrete columns[J]. Journal of Structural Engineering, 2015, 141 (4): 04014128.1-10.

[30]　ZHU W Q, JIA J Q, GAO J C, et al. Experimental study on steel reinforced high-strength concrete columns under cyclic lateral force and constant axial load[J]. Engineering Structures, 2016, 125 (1): 191-204.

[31]　TONG L W, LIU B, XIAN Q J, et al. Experimental study on fatigue behavior of steel reinforced concrete (SRC) beams[J]. Engineering Structures, 2016, 123 (1): 247-262.

[32]　SONG T Y, HAN L H, TAO Z. Performance of steel-reinforced concrete beam-to-column joints after exposure to fire[J]. Journal of Structural Engineering, 2016, 142 (10): 04016070.1-14.

[33]　CHEN S W, WU P. Analytical model for predicting axial compressive behavior of steel reinforced concrete column[J]. Journal of Constructional Steel Research, 2017, 128 (1): 649-660.

[34]　钟善桐. 钢管混凝土统一理论: 研究与应用[M]. 北京: 清华大学出版社, 2006.

[35]　蔡绍怀. 现代钢管混凝土结构[M]. 修订版. 北京: 人民交通出版社, 2007.

[36]　韩林海. 钢管混凝土结构-理论与实践[M]. 3 版. 北京: 科学出版社, 2016.

[37]　HOU C C, HAN L H, WANG Q L, et al. Flexural behavior of circular concrete filled steel tubes (CFST) under sustained load and chloride corrosion[J]. Thin-Walled Structures, 2016, 107 (1): 182-196.

[38]　HAN L H, HOU C C, WANG Q L. Behaviour of circular CFST stub columns under chloride corrosion[J]. Journal of Constructional Steel Research, 2014, 103 (1): 23-36.

[39]　HAN L H, HOU C, WANG Q L. Square concrete filled steel tubular (CFST) members under loading and chloride corrosion: Experiments[J]. Journal of Constructional Steel Research, 2012, 71 (1): 11-25.

[40]　CHAALLAL O, SHAHAWY M. Performance of fiber-reinforced polymer-wrapped reinforced concrete column under combined axial-flexural loading[J]. ACI Structure Journal, 2000, 97 (4): 659-668.

[41]　FAM A Z, RIZKALLA S H. Confinement model for axially loaded concrete confined by circular FRP tubes[J]. ACI Structure Journal, 2001, 98 (4): 451-461.

[42]　WANG Y C, RESTREPO J I. Investigation of concentrically loaded reinforced columns confined with glass fiber-reinforced polymer jackets[J]. ACI Structure Journal, 2001, 98 (3): 377-385.

[43]　于清. FRP 约束混凝土柱研究与应用中的若干关键问题[J]. 工业建筑, 2001, 31 (4): 1-4.

[44]　陶忠, 于清. 新型组合结构柱——试验、理论与方法[M]. 北京: 科学出版社, 2006.

[45]　XIAO Y, HE W H, CHOI K K. Confined concrete-filled tubular columns[J]. Journal of Structural Engineering, 2005, 131 (3): 488-497.

[46]　TAO Z, HAN L H, ZHUANG J P. Axial loading behavior of CFRP strengthened concrete-filled steel tubular stub columns[J]. Advances in Structural Engineering, 2007, 10 (1): 37-46.

[47]　TAO Z, HAN L H, WANG L L. Compressive and flexural behaviour of CFRP repaired concrete-filled steel tubes after exposure to fire[J]. Journal of Constructional Steel Research, 2007, 63 (8): 1116-1126.

[48]　于峰, 牛荻涛, 王忠文, 等. FRP 约束钢管混凝土柱承载力分析[J]. 哈尔滨工业大学学报, 2007, 39 (增 2): 44-46.

[49]　张常光, 赵均海, 冯红波. CFRP-钢管混凝土轴压短柱承载力研究[J]. 哈尔滨工业大学学报, 2007, 39 (增 2): 82-85.

[50]　CHOI K K, XIAO Y. Analytical model of circular CFRP confined concrete-filled steel tubular columns under axial compression[J]. Journal of Composites for Construction, 2010, 14 (1): 125-133.

[51]　PARK J W, HONG Y K, Choi S M. Behaviors of concrete filled square steel tubes confined by carbon fiber sheets (CFS) under compression and cyclic loads[J]. Steel and Composite Structures, 2010, 10 (2): 187-205.

[52]　PARK J W, HONG Y K, HONG G S. Design formulas of concrete filled circular steel tubes reinforced by carbon

fiber reinforced plastic sheets[J]. Procedia Engineering, 2011, 14 (1): 2916-2922.

[53] LIU L, LU Y Y. Axial bearing capacity of short FRP confined concrete-filled steel tubular columns[J]. Journal of Wuhan University of Technology-Mater, 2010, 25(3): 454-458.

[54] YU F, WU P. Study on stress-strain relationship of FRP-confined concrete filled steel tubes[J]. Advanced Materials Research, 2011, 163-167: 3826-3829.

[55] 顾威, 李宏男, 张美娜. CFRP 钢管混凝土轴压短柱混凝土本构关系[J]. 大连理工大学学报, 2011, 51 (4): 545-548.

[56] HU Y M, YU T, TENG J G. FRP-confined circular concrete-filled thin steel tubes under axial compression[J]. Journal of Composites for Construction, 2011, 15 (5): 850-860.

[57] SUNDARRAJA M C, GANESH PRABHU G. Investigation on strengthening of CFST members under compression using CFRP composites[J]. Journal of Reinforced Plastics and Composites, 2011, 30 (15): 1251-1264.

[58] SUNDARRAJA M C, GANESH PRABHU G. Experimental study on CFST members strengthened by CFRP composite under compression[J]. Journal of Constructional Steel Research, 2012, 72 (1): 75-83.

[59] SUNDARRAJA M C, GANESH PRABHU G. Behaviour of CFST members under compression externally reinforced by CFRP composites[J]. Journal of Civil Engineering and Management, 2013, 19 (2): 184-195.

[60] LI S Q, CHEN J F, BISBY L A, et al. Strain efficiency of FRP jackets in FRP-confined concrete-filled circular steel tubes[J]. International Journal of Structural Stability and Dynamics, 2012, 12 (1): 75-94.

[61] TENG J G, Hu Y M, Yu T. Stress-strain model for concrete in FRP-confined steel tubular columns[J]. Engineering Structures, 2013, 49 (1): 156-167.

[62] ZHOU R, ZHAO J H, WEI X Y. Analysis on bearing capacity of concrete-filled tubular CFRP-steel stub column under axial compression[J]. Applied Mechanics and Materials, 2014, 584-586: 1155-1160.

[63] 赵均海, 杜文超, 张常光. CFRP-方钢管混凝土轴压短柱承载力分析[J]. 建筑科学与工程学报, 2015, 32 (6): 30-35.

[64] 卢亦焱, 李莎, 李杉, 等. FRP-圆钢管混凝土短柱轴压性能研究[J]. 铁道学报, 2016, 38 (4): 105-111.

[65] WEI Y, WU G, WU Z S, et al. Flexural behavior of concrete-filled FRP-steel composite circular tubes[J]. Advanced Materials Research, 2011, 243-249: 1316-1320.

[66] SUNDARRAJA M C, GANESH PRABHU G. Finite element modeling of CFRP jacketed CFST members under flexural loading[J]. Thin-Walled Structures, 2011, 49 (12): 1483-1491.

[67] Al-ZAND A W, BADARUZZAMAN W H W, MUTALIB A A, et al. Finite element analysis of square CFST beam strengthened by CFRP composite material[J]. Thin-Walled Structures, 2015, 96 (1): 348-358.

[68] Al-ZAND A W, BADARUZZAMAN W H W, MUTALIB A A, et al. The enhanced performance of CFST beams using different strengthening schemes involving unidirectional CFRP sheets: An experimental study[J]. Engineering Structures, 2016, 128 (1): 184-198.

[69] Al-ZAND A W, BADARUZZAMAN W H W, MUTALIB A A, et al. Modelling the delamination failure along the CFRP-CFST beam interaction surface using different finite element techniques[J]. Journal of Engineering Science and Technology, 2017, 12 (1): 214-228.

[70] 顾威, 赵颖华. CFRP 钢管混凝土轴压长柱试验研究[J]. 土木工程学报, 2007 (11): 23-28.

[71] 刘兰. FRP 与钢管混凝土复合柱基本力学性能研究[博士学位论文][D]. 武汉: 武汉大学, 2009.

[72] 于峰, 武萍. FRP 约束钢管混凝土长柱承载力研究[J]. 玻璃钢/复合材料, 2011, 219 (4): 60-62.

[73] ZHU C Y, ZHAO Y H, WANG D S. Numerical study on concrete filled GFRP-steel tube under cyclic loading[J]. Advanced Materials Research, 2012, 368-373: 1003-1009.

[74] 王志滨, 谢恩普, 陈靖. CFRP-方钢管混凝土压弯构件的滞回性能. 长安大学学报(自然科学版), 2014, 34 (6): 91-99.

[75] 杨炳, 卢梦潇, 彭威, 等. 碳纤维布加固方钢管混凝土柱抗震性能试验研究[J]. 长江大学学报(自然科学版),

2015, 12 (22): 55-60.

[76] CAI Z K, WANG D Y, SMITH SCOTT T, et al. Experimental investigation on the seismic performance of GFRP-wrapped thin-walled steel tube confined RC columns[J]. Engineering Structures, 2016, 110 (1): 269-280.

[77] TAO Z, WANG Z B, HAN L H, et al. Fire performance of concrete-filled steel tubular columns strengthened by CFRP[J]. Steel and Composite Structures, 2011, 11 (4): 307-324.

[78] WANG Z B, YU Q, TAO Z. Behaviour of CFRP externally-reinforced circular CFST members under combined tension and bending[J]. Journal of Constructional Steel Research, 2015, 106 (1): 122-137.

[79] CHEN C, ZHAO Y H, ZHU, C Y, et al. Study on the impact response of concrete filled FRP-steel tube structures[J]. Advanced Materials Research, 2012, 368-373: 549-552.

[80] SHAKIR A S, GUAN Z W, JONES S W. Lateral impact response of the concrete filled steel tube columns with and without CFRP strengthening[J]. Engineering Structures, 2016, 116 (1): 148-162.

[81] 翟存林, 魏洋, 李国芬, 等. FRP-钢复合管混凝土桥墩设计与应用研究[J]. 公路. 2012 (1): 83-87.

[82] 王庆利, 赵颖华. 碳纤维-钢管混凝土结构的研究设想[J]. 吉林大学学报(工学版), 2003, 33 (增): 352-355.

[83] 王庆利, 赵颖华, 顾威. 圆截面 CFRP-钢复合管混凝土结构的研究[J]. 沈阳建筑工程学院学报, 2003, 19 (4): 272-274.

[84] 王庆利, 李宁, 韩佛. CFRP-钢管混凝土轴压构件试验研究[J]. 沈阳建筑大学学报, 2006, 22 (5): 709-712.

[85] WANG Q L, GUAN C W, ZHAO Y H. Theoretical analysis about concentrically compressed concrete filled hollow CFRP-steel stub columns with circular cross-section[J]. Proceeding of the 2nd International Conference on Steel and Composite Structures, Seoul, Korea, 2004: 684-695.

[86] 王庆利, 顾威, 赵颖华. CFRP-钢复合圆管内填混凝土轴压短柱试验研究[J]. 土木工程学报, 2005, 38(10): 44-48.

[87] 王庆利, 王金鱼, 张永丹. CFRP-钢管砼轴压短柱受力性能分析[J]. 工程力学, 2006, 23 (8): 102-105.

[88] CHE Y, WANG Q L, SHAO Y B. Compressive performances of the concrete filled circular CFRP-steel tube (C-CFRP-CFST)[J]. International Journal of Advanced Steel Construction, 2012, 8 (4): 311-338.

[89] 王庆利, 薛阳, 邵永波, 闫煦. CFRP 约束方钢管混凝土轴压短柱的静力性能研究[J]. 土木工程学报, 2011, 44 (3): 24-31.

[90]   WANG Q L, SHAO Y B. Compressive performances of the concrete filled square CFRP-steel tubes (S-CFRP-CFST)[J]. Steel and Composite Structures, 2014, 16 (5): 455-480.

[91] 中国工程建设标准化协会. 碳纤维片材加固修复混凝土结构技术规程: CECS146[S]. 北京: 中国计划出版社, 2003.

[92] 中华人民共和国国家标准. 金属材料室温拉伸试验方法: GB/T 228—2002[S]. 北京: 中国标准出版社, 2002.

[93] 中华人民共和国国家标准. 普通混凝土力学性能试验方法标准: GB 50081—2002[S]. 北京: 中国建筑工业出版社, 2003.

[94] YU T, WONG Y L, TENG J G, et al. Flexural behavior of hybrid FRP-concrete-steel double-skin tubular members[J]. Journal of Composites for Construction, 2006, 10 (5): 443-452.

[95] HAN L H, YAO G H, TAO Z. Performance of concrete-filled thin-walled steel tubes under pure torsion[J]. Thin Walled Structures, 2007, 45 (1): 24-36.

[96] 钟善桐. 钢管混凝土结构[M]. 哈尔滨: 黑龙江科学技术出版社, 1994.

[97] Abdel-Rahman N, Sivakumaran K S. Material properties models for analysis of cold-formed steel members[J]. Journal of Structural Engineering, 1997, 123 (9): 1135-1143.

[98] KARREN K W. Corner properties of cold-formed steel shapes[J]. Journal of the structural division, 1967, 93 (1): 401-432.

[99] 王庆利, 朱贺飞, 高轶夫. 圆 CFRP-钢管约束混凝土轴压力作用下的本构关系[J]. 沈阳建筑大学学报, 2007, 23(2): 199-203.

[100] TAO Z, HAN L H, WANG Z B. Experimental behaviour of stiffened concrete-filled thin-walled hollow steel structural (HSS) stub columns[J]. Journal of Constructional Steel Research, 2005, 61 (7): 962-983.

[101] 叶茂. CFRP 约束方钢管混凝土受弯构件静力性能研究[硕士学位论文][D]. 沈阳: 沈阳建筑大学, 2010.

[102] 沈聚敏, 王传志, 江见鲸. 钢筋混凝土有限元与板壳极限分析[M]. 北京: 清华大学出版社, 1993.

[103] HIBBITT D, KARLSON B, SORENSEN P. ABAQUS/Standard User's Manual, Version 6.4.1[M], Hibbitt D, Karlson B and Sorensen P Inc., Pawtucket, RI, 2003.

[104] BALTAY P, GJELSVIK A. Coefficient of friction for steel on concrete at high normal stress[J]. Journal of Materials in Civil Engineering, ASCE, 1990, 2 (1): 46-49.

[105] ROEDER C W, CAMERON B, BROWN C B. Composit action in concrete filled tubes[J]. Journal of Structural Engineering, ASCE, 1999, 125 (5): 477-484.

[106] MORISHITA Y, TOMII M, YOSHIMURA K. Experimental studies on bond strength in concrete filled circular steel tubular columns subjected to axial loads[J]. Transactions of Japan Concrete Institute, 1979, 1: 351-358.

[107] MORISHITA Y, TOMII M, YOSHIMURA K. Experimental studies on bond strength in concrete filled square and octagonal steel tubular columns subjected to axial loads[J]. Transaction of Japan Concrete Institute, 1979, 1: 359-366.

[108] 尧国皇. 钢管混凝土构件在复杂受力状态下的工作机理研究[博士学位论文][D]. 福州: 福州大学, 2006.

[109] JOHANSSON M. Structural behavior of circular steel-concrete composite columns: Non-linear finite element analyses and experiments. Licentiate thesis[D]. Chalmers University of Technology. Div. of concrete Struct. Goteborg. Sweden, 2000.

[110] HAN L H, YAO G H, ZHAO X L. Tests and calculations for hollow structural steel (HSS) stub columns filled with self-consolidating concrete (SCC)[J]. Journal of Constructional Steel Research, 2005, 61 (9): 1241-1269.

[111] 王庆利, 张海波, 潘东风. 圆 CFRP-钢管混凝土构件的受弯性能[J]. 沈阳建筑大学学报, 2006, 22 (4): 534-537.

[112] 王庆利, 宁迎福, 武斌. 圆 CFRP-钢复合管内填砼构件的受弯性能研究[J]. 科学技术与工程, 2006, 6 (6): 718-722.

[113] 王庆利, 叶茂, 周琳. 圆 CFRP-钢管混凝土构件受弯性能研究[J]. 土木工程学报, 2008, 41 (10): 30-38.

[114] 孙涛, 王庆利, 邵永波, 等. 圆 CFRP-钢管混凝土受弯性能研究[J]. 建筑结构学报, 2009, 30 (增2): 255-260.

[115] WANG Q L, SHAO Y B. Flexural performance of circular concrete filled CFRP-steel tubes[J]. Advanced Steel Construction, 2015, 11 (2): 127-149.

[116] 王庆利, 车媛, 叶茂. CFRP 增强方截面钢管混凝土受弯性能研究[J]. 土木工程学报, 2011, 44 (增): 17-23.

[117] WANG Q L, LI J, SHAO Y B, et al. Flexural performances of square concrete filled CFRP-steel tubes (S-CF-CFRP-ST)[J]. Advances in Structural Engineering, 2015, 18 (8): 1319-1344.

[118] 车媛, 王庆利, 董羽. 圆 CFRP-钢管砼轴压中柱的静力性能研究[J]. 哈尔滨工业大学学报, 2007, 39 (增2): 99-102.

[119] 王庆利, 方言, 任庆新. 圆 CFRP-钢管混凝土轴压构件静力性能研究[J]. 土木工程学报, 2008, 41(10): 21-29.

[120] 王庆利, 车媛, 谭鹏宇. 圆 CFRP-钢管混凝土轴压中长柱静力性能研究[J]. 哈尔滨工业大学学报, 2011, 43 (增2): 45-51.

[121] WANG Q L, QU S E, SHAO Y B, et al. Static behavior of axially compressed circular concrete filled CFRP-steel tubular (C-CF-CFRP-ST) columns with moderate slenderness ratio[J]. Advanced Steel Construction, 2016, 12 (3): 263-295.

[122] 王庆利, 车媛, 叶茂. CFRP 约束方钢管混凝土轴压性能分析[J]. 哈尔滨工业大学学报, 2012, 44 (增 1): 43-50.

[123] 王庆利, 赵维娟, 李佳. 方形截面碳纤维增强聚合物-钢管混凝土轴压柱的静力试验[J]. 建筑结构学报, 2013, 34 (增 1): 267-273.

[124] 王庆利, 李佳, 赵维娟. 方形截面碳纤维增强聚合物-钢管混凝土轴压柱承载力分析[J]. 建筑结构学报, 2013, 34 (增 1): 274-280.

[125] WANG Q L, ZHAO Z, SHAO Y B, et al. Static behavior of axially compressed square concrete filled CFRP-steel tubular (S-CF-CFRP-ST) columns with moderate slenderness[J]. Thin-Walled Structure, 2017, 110 (1): 106-122.

[126] 王庆利, 张永丹, 谢广鹏. 圆截面 CFRP-钢管混凝土柱的偏压实验[J]. 沈阳建筑大学学报, 2005, 21 (5): 425-428.

[127] 王庆利, 车媛, 高轶夫. 圆 CFRP-钢管混凝土偏压构件的静力性能研究[J]. 沈阳建筑大学学报, 2007, 23 (1):25-29.

[128] 王庆利, 谭鹏宇, 魏溯华. 圆 CFRP-钢管混凝土压弯构件静力性能试验研究[J]. 建筑结构学报, 2008, 28(5): 67-74.

[129] 王庆利, 周博, 谭鹏宇, 等. 圆 CFRP-钢管混凝土压弯构件静力性能研究[J]. 工程力学, 2012, 29 (增 2): 154-158.

[130] 王庆利, 陈星宇, 张芝润. 碳纤维增强方钢管混凝土压弯构件的静力性能(I): 试验研究与有限元模拟[J]. 工业建筑, 2014, 44 (7): 141-145.

[131] 王庆利, 张芝润, 陈星宇. 碳纤维增强方钢管混凝土压弯构件的静力性能(II): 机理分析与承载力[J]. 工业建筑, 2014, 44 (7): 146-150.

[132] WANG Q L, CHE Y, SHAO Y B, et al. Hysteretic behavior of the concrete filled circular CFRP-steel tubular (C-CFRP-CFST) beam-columns[J]. Advanced Materials Research, 2011, 400-402: 507-512.

[133] WANG Q L, CHE Y, SHAO Y B, et al. Experimental study on hysteretic behavior of the concrete filled circular CFRP-steel tubular (C-CFRP-CFST) beam-columns[J]. Advanced Materials Research, 2011, 243-249: 5512-5516.

[134] 车媛, 王庆利, 邵永波, 等. 圆 CFRP-钢管混凝土压弯构件滞回性能试验研究[J]. 土木工程学报, 2011, 44 (7): 46-54.

[135] 王庆利, 牛献军, 冯立明. 圆 CFRP-钢管混凝土压弯构件滞回性能的参数分析与恢复力模型[J]. 工程力学, 2017, 34 (增): 159-166.

[136] CHE Y, WANG Q L, SHAO Y B, et al. Research on hysteretic behavior of the concrete filled square CFRP-steel tubular (S-CFRP-CFST) beam-columns (I): Experimental study[J]. Advanced Materials Research, 2011, 163-1672: 3580-3586.

[137] CHE Y, WANG Q L, SHAO Y B, et al. Research on hysteretic behavior of the concrete filled square CFRP-steel tubular (S-CFRP-CFST) beam-columns (II): Experimental results and analysis[J]. Advanced Materials Research, 2011, 163-167: 3575-3579.

[138] 车媛. CFRP-钢管混凝土压弯构件的力学性能研究[博士学位论文]. 大连理工大学, 2013.

[139] ATC-24. Guidelines for cyclic seismic testing of components of steel structures[J]. Redwood City (CA): Applied Technology Council, 1992.

[140] 中华人民共和国建设部. 建筑抗震试验方法规程: JGJ101—96[S]. 北京: 中国建筑工业出版社, 1997.

[141] ELREMAILY A, AZIZINAMINI A. Behavior and strength of circular concrete-filled tube columns[J]. Journal of Constructional Steel Research, 2202, 58 (12): 1567-1591.

[142] 韩林海, 陶忠, 王文达. 现代组合结构和混合结构-试验、理论和方法[M]. 北京: 科学出版社, 2009.

[143] CHEN W F. Plasticity in Reinforced Concrete[M]. New York: McGraw-Hill Book Company, 1982.

[144] BIRTEL V, MARK P. Parameterized finite element modelling of RC beam shear failure[J]. ABAQUS User's Conference. Taiwan, 2006: 95-108.

[145] 朱伯龙, 董振祥. 钢筋混凝土非线性分析[M]. 上海: 同济大学出版社, 1985.

[146] SU X Z, ZHU B L. Algorithm for hysteretic analysis of presstressed-concrete frames[J]. Journal of the Structural Engineering, 1994, 120 (6):1732-1744.

[147] Eurocode 4. Design of composite steel and concrete structures-Part 1-1: General rules and rules for buildings[S]. EN 1994-1-1: 2004, Brussels, CEN.

[148] AIJ. Recommendations for design and construction of concrete filled steel tubular structures[S]. Architectural Institute of Japan, Tokyo, Japan, 2008.